本书为河北省社会科学基金项目（项目编号：HB19MK028）的结项成果

邯郸学院学术著作出版基金资助出版

中国传统

孝文化研究

王书芹◎著

天津出版传媒集团

天津人民出版社

图书在版编目（CIP）数据

中国传统孝文化研究 / 王书芹著. -- 天津 ： 天津
人民出版社，2023.9
ISBN 978-7-201-19823-1

Ⅰ．①中… Ⅱ．①王… Ⅲ．①孝－文化研究－中国
Ⅳ．①B823.1

中国国家版本馆 CIP 数据核字（2023）第 181457 号

中国传统孝文化研究
ZHONGGUO CHUANTONG XIAOWENHUA YANJIU

出　　版	天津人民出版社
出版人	刘　庆
地　　址	天津市和平区西康路 35 号康岳大厦
邮政编码	300051
邮购电话	（022）23332469
电子信箱	reader@tjrmcbs.com
责任编辑	林　雨
装帧设计	卢炀炀
印　　刷	天津海顺印业包装有限公司
经　　销	新华书店
开　　本	710 毫米×1000 毫米　1/16
印　　张	14.25
插　　页	2
字　　数	190 千字
版次印次	2023 年 9 月第 1 版　2023 年 9 月第 1 次印刷
定　　价	79.00 元

目　录

导　言

　　天下之本在国,国之本在家,家国一体,在家尽孝,在国尽忠。这是两千多年的忠孝历史积淀成的中华民族最淳朴的家国情怀。

　　近代以来,中国传统儒家文化受到了西方文化的强烈冲击,发生了很大变化,但孝道仍然得到全世界华人的认同,是中国人的信条,被视为中国人区别于其他国家人民的最大特质,成为中国人的最大特征。

　　在历史的长河中,"忠""孝"二字在中国人头脑中流淌。孝先忠后,忠先孝后,抑或是忠孝不能两全;或者是以孝为忠,移孝作忠,抑或是忠孝两全,这在不同的历史时期,虽然有不同的诠释与践行,但由此积淀成的家国情怀却赓续不易。

　　本书主要从溯源孝文化的历史写起,分五章来论述:第一章,介绍古代社会"孝"伦理概况;第二章,详述近代传统孝文化的嬗变;第三章,介绍民国乱世,传统孝文化的传承;第四章,描写抗战时期中国共产党如何重视儒家传统孝道德的继承与发扬;第五章,系统阐释家国情怀的当代价值。

"孝"是中国传统社会一切道德内在精神的源头,是立国之本与社会之基。黑格尔在谈到中国孝道时说:"中国纯粹建筑在这一种道德结合上,国家的特性便是客观的'家庭孝敬'。"他认为传统中国社会是奠基于孝道之上的社会。

儒学是中国传统文化的主体,孔子以"仁"作为最高的道德境界,将孝、悌、礼、信等德目置于其下,是儒学的核心。而"孝弟也者,其为仁之本与","孝,德之本也,教之所由生也",这是公认的论语学的"孝者仁之本"论。所以说,传统中国文化可称为孝的文化。梁漱溟说:"中国文化是'孝'的文化,自是没错。"①

孝是传统中国文化的首要核心价值观念与文化精神。中国孝道的理论载体是传诵千古的儒学经典之一的《孝经》。孙中山说:"《孝经》所言的孝字,几乎无所不包,无所不至,现在世界上最文明的国家,讲到孝字,还没有像中国讲的这么完全。"②

"忠孝"是一个道德和伦理的范畴,不同的时代有不同的内涵。汉代开始以孝治天下,确立了"三纲"的正统地位。此后,伴随着朝代更迭、民族融合的历史进程,"三纲"的地位和作用也经历了升降沉浮。魏晋至隋唐五代七百余年,孝道观念虽然时而淡薄时而强化,但各朝统治者都坚持汉代孝道的基本精神,也都标榜"以孝治天下"。其间,士大夫对君臣关系和忠孝的认识基本上仍持原始儒家的观点——"臣择君而事之,有道顺命,无道衡命"③。

从宋代开始,随着"三纲"作用的凸显,"忠孝节义"也成为被社会普遍认同的价值观念。宋代"理学"将儒家的"忠孝节义"提升到了"天理"的高度,使传统儒学再次得到改造。在宋儒所有的伦理观念中,忠君列在首位,而

---

① 梁漱溟:《中国文化要义》,学林出版社,1987年,第307页。
② 转引自严协和:《孝经白话注释》,三秦出版社,1989年,第4页。
③ 《史记》(卷六十七),《仲尼弟子列传第七》。

"忠君"与"爱国"并提就是由宋代才开始形成的。整个宋元明清时期，理学的勃兴不仅使儒学占据了意识形态的权威地位，而且使"三纲"理论更加精致化、系统化，进而再一次被神圣化、绝对化，成为"古今之所共由""人之所共由"的永恒不变的"天理"。"虽然说宋以后的儒家思想中有不健康的成分，但切不可因此妄自菲薄，而只能说校正其偏弊，进而发扬先秦汉唐的精神。"①

近代以来，尤其是清末民初，西学踏浪而来，猛烈冲击着中国传统文化，荡涤了那些愚昧僵化的孝道伦理，但固有的原始儒家及汉唐的忠孝伦理道德仍旧保留在人们心中。辛亥革命中，传统的"忠君爱国"的思想向爱国主义嬗变从而得以升华。为了孙中山预设的那个"中华民国"，革命党人前仆后继，发动了十多次武装起义。他们壮怀激烈，蹈死不顾，成仁成义，同盟会"暗杀团"屡刺清吏，爆裂弹，五子枪，一声冲天吼，上演了一桩桩惊人壮举！而他们这种精神的背后依然是传统"忠孝"观念的"基因"在起作用，促使他们生发侠义英雄的豪情。

清末民初，社会变化天翻地覆，儒学传统文化亦发生嬗变，以致逐渐衰落、解体，逐渐褪去封建外衣，被剔除封建等级性、压迫性和愚昧性内容，被赋予近代自由、平等、民主的内涵。而忠孝伦理道德，亦随着君主专制的消失，变成了忠孝国家、民族和人民。北洋政府统治的 17 年里，传统忠孝文化依然在民间及军界传承，中国社会呈现出半新半旧、不土不洋、中西合璧的特征。② 虽然传统忠孝文化经过五四新文化运动的猛烈批判，但是受到冲击的程度并非人们想象的那样具有颠覆性，中国并未全盘西化，从传统的束缚中蝉蜕而出的中国近现代文化，尤其是忠孝观念仍然承续着中华民族的精神血脉，传统伦理道德依然是主流。

---

① 彭华："贺麟的文化史观"，《新诸子论坛》，2014 年第 10 期。
② 参见《普通高中课程·历史》（第二册），专题四《中国近现代社会生活的变迁》，人民教育出版社。

在国民大革命时期,以固有传统道德治国,返本开新,既继承并利用传统儒家道德文化,又融入西方文明,开展以儒家传统道德"礼义廉耻"为中心的"新生活运动",进行民族传统文化复兴。

在抗日战争时期,国共两党都曾以儒家"忠孝"道德作为动员、团结民众抗击日本帝国主义侵略的精神力量和思想武器。传统忠孝的道德伦理进一步升华为"以天下为己任,为民族尽忠孝"。

综上所述,孝是家庭伦理和道德规范,上慈下孝,天经地义;忠是政治伦理和社会规范,是民族大义,是爱国主义。忠与孝相结合,构成了传统社会伦理文化的基石,这是几千年来各族人民的共识。无论忠孝道德如何因时代不同而或褒或贬,或弃或复,中华民族的家国情怀都一直被坚守着。在百姓心中,国家统一是正常的,分裂是不正常的,叛国是可耻的,这在历史上是政治遗产,在文化上是精神遗产。每当遇到外来侵略时,中国人为保卫国家主权和领土的信念就会爆发出无限威力,将义无反顾地移孝作忠,彰显出义薄云天的浩荡国风。

传统孝伦理道德深刻影响了中华文化发展和民族精神的塑造,积淀成中华民族最深层的精神追求和精神基因,代表着中华民族独特的精神标识。它不仅为中华民族生生不息、发展壮大提供了丰厚的精神滋养,也为人类文明进步做出了东方贡献;它不仅铸就了历史的辉煌,而且在今天仍然闪耀着时代的光芒。忠孝家国情怀穿过岁月的风尘,从过去走入现在,也必将从现在走向未来。

中国传统的孝伦理文化是在特定时期形成的,必定有其时代局限性,时移世易,不可避免也存在落后性的一面。也许我们会以现代的文明去批评它,甚至嘲笑它,但在我们今天的生活中仍到处可见它的影子,并且它活在我们的思维模式、价值观念、伦理规范、行为方式、审美情趣、风尚习俗中。我们应当继承优秀传统文化,剔除糟粕,汲取精华,不断创新,与时俱进。

发挥孝文化的现代价值,对构建和谐社会、建立中华民族共有精神家园具有重要意义,对丰富中国特色社会主义的伦理精神与道德规范具有现实意义,对唤起国人家国情怀、应对外部威胁和挑衅、保家卫国有现实意义。

社会的嬗变转型是一个漫长而复杂的历史过程,涉及社会的各个领域,经历着新旧制度交替所带来的各种观念的冲突,这在忠孝文化的沉浮变化中表现得尤为明显。本书通过研究孝文化的发展,可以为今天中国的社会转型提供经验教训;对近现代思想文化史的研究具有重要学术价值;对近现代中国的忠孝文化转型进行探析,具有重要的伦理学价值;可以为当今民族文化复兴和弘扬国学提供重要的理论支撑。

本书在研究方法上,以时间为线索,对传统孝文化的起源、发展嬗变的思想轨迹进行纵向梳理,同时又进行横向的哲学体系的思辨,揭示传统忠孝文化在与欧风美雨的碰撞与交融中发生的嬗变、传承,以及如何在古与今、新与旧、中与西的冲突中走向现代。在研究中,本书力求把哲学的理性分析法、伦理学的概括法结合起来,把文献解读和历史分析结合起来,学术理论与当时的社会家庭实际道德状况结合起来;力求改变过去论著中那种相沿成习的描述性的研究层面,尽可能地避免学院派那种公式化、形式化和偏重于现象的陈述,而多一些逻辑推导,增加原因分析的分量,以足以令人信服的理由,使读者对此书能够有本质性的把握。

在论证方法方面,少一些政治层面板着面孔枯燥呆板地侃侃而论,多一些社会生活的典型案例,还原当时社会、家庭生活中忠孝伦理观念的真实情景,做到论据充分、有力而鲜活,富有生活气息和可读性。同时避免以君子之为对比小人之为而片面地谬作论据,或以一二人之二三事而自谓可以尽括一代之精神。

在研究过程中,笔者综合多家注本,对与忠孝观念相关的内容进行对比分析,然后依据自己的观点和理解生成自家的观点,得出自家的结论,以保证内容的原创性。

当前,一方面,"当代中国正在开展的民族文化复兴的重要内容之一,就是再度重视具有数千年悠久历史经验的中华德性文明传统"①。那么"如何从旧礼教的破瓦颓垣里,去寻找出不可毁灭的永恒的基石。在这个基石上,重新建立起新人生、新社会的行为规范"②,就成了我们面对的重大任务。"越来越多的学者认识到,新起的一代正在成为'无根的一代'。旧传统大厦的倒塌是历史的必然,历史的进步,但如果我们不能在旧传统的'破瓦颓垣'中找到'永恒的基石',中华五千年文明的陨落将不可避免,社会主义精神文明的建设也将成为一句空话。"③因此,如何充分发挥以儒学为主干的中华优秀传统文化在现代社会中的价值与作用,这是关系我们增强文化自信,推动中华优秀传统文化创造性转化、创新性发展,积极培育和弘扬社会主义核心价值观的重要课题。

另一方面,国学热中存在某些误区,民间儒学包括乡村、城市社区和校园中出现的文化乱象,例如一些公益性的宣传文化,将不合正道的"割股、剖肝、卧冰"之类的愚孝行为亦作为宣传的内容。

鉴于上述两方面原因——时代的需要和国学热中存在的问题,我们选择了本论题。

本书主要依托儒家文献、学术界已发表的研究成果和各地文史资料上刊发的相关专题等展开研究。在此,对所有引文中涉及的专家学者表示感谢。

---

① 北京大学杨柳新副教授在"中华传统美德与新时代公民道德建设座谈会"上的发言。2019年11月10日。

② 贺麟:《文化与人生》,上海人民出版社,2011年,第67页。

③ 徐葆耕:"论贺麟的'质素'说",《清华大学学报》(哲学社会科学版),1997年第1期。

第一节　先秦时期:"孝"伦理的
　　　　　　形成

一、儒家对孝伦理的开创与发展

慈孝忠悌是伦常大道,孝是中华民族传统文化的核心,是中华民族骨子里共同的灵魂。

孝敬父母,上合天理,下合人伦,天经地义;慈孝忠悌、礼义廉耻、敦睦邻里是做人最基本的道德规范。忠孝思想更是历代仁人志士"修身、齐家、治国、平天下"的君子人格。

"'忠孝'是一个整体概念,又是两个有各自内涵的概念。在先秦人们的社会生活中,'孝'的理念的产生早于'忠'的理念的产生。""孝"作为一种社会意志是随着人类社会文明的产生而产生,是随着社会的发展变迁而发展的。"中国传统孝道文化是在华夏数千年历史中孕育、诞生和发展起来的。历经了古时期的萌芽、西周的兴盛、春秋战国的系统化、汉代的政治化、魏晋南北朝的深化、宋明时期的极端化,直至近代的脱胎换骨的变革,是在中国长期的历史发展中积淀而成的。"①

上古时代,人们掌握的生产能力十分有限,在极其险恶的自然环境里过着渔猎经济的生活,食物非常短缺,并且经常得不到保障。为了使整个族群能够生存下去,某些老者被遗弃,这是人类早期进化过程中不得不付出的代价。原始初民不仅没有孝养老人的物质基础,而且在原始的群婚集团中,人与人之间的血缘关系混乱,父母与其他长者并无区别。进入农业氏族社会以后,也就是原始社会末期,初民们有了供养老人的能力,老人开始受到氏族成员的尊敬,敬老为孝道之始。《说文解字》曰:"孝,善事父母者,从老省,从子,子承老也",说明孝行起源于养老、敬老活动。我国最早的一部词典《尔雅·释训》同样将"孝"解释为:"善事父母为孝",这是"孝"字最初的基本含义。

《尚书·尧典》中就有"以亲九族""协和万邦"的表述。张践教授说:"在远古的宗法宗族社会里,初民的爱亲之心,表现为传统宗教中的祖先崇拜。《礼记·郊特牲》解释敬祖的意义时说:'万物本乎天,人本乎祖',祖先崇拜是为了使子孙后代永远不忘祖先的开拓之功",《礼记·坊记》曰:"'修宗庙、敬祀事,使民追孝也。'当时虽然还没有严格意义上的孝道,但尊敬、爱戴、崇拜本族长者、老者的情感已经发生"。②

到了夏、商两代,维系血缘宗族制度的主要是宗法性传统宗教。"从宗教活动上说,传统宗教没有一套独立的教团组织系统,它的宗教祭祀活动由国家、宗族、家庭所组成的宗法体系来兼管。"③我国第一部诗歌总集《诗经》中有"率见昭考,以孝以享,以介眉寿"之语,意思是相率拜祭先王之灵,孝敬

---

① 刘永祥:"近代中国孝文化研究述评",《科教文汇》,2007 年第 34 期。
② 张践:"儒家孝道观的形成与演变",《中国哲学史》,2000 年第 3 期。
③ 牟钟鉴:"中国宗法性传统宗教试探",《世界宗教研究》,1990 年第 1 期。

祭品请神享用,祈求赐我年寿绵绵。《诗经·大雅·既醉》中有"孝子不匮"的说法,即孝子的孝心永不竭止。"在殷墟的甲骨文字里,已经出现'礼''德''孝'等文字,说明商代就已制定有体系性道德规范,出现了所谓'六德',即'知、仁、圣、义、忠、和'的提法。"①

公元前 11 世纪,武王伐纣,以周代殷。产生于殷周之际的《尚书》《周易》中关于孝的论述渐渐地多了起来。《尚书·酒诰》中言:"肇牵车牛,远服贾用,孝养厥父母,厥父母庆,自洗腆,致用酒。"这话是周公对殷族遗民的训诫之词,要求他们自食其力,专心农事,农事之余则牵着牛车到外地去从事贸易,以便孝敬、赡养自己的父母兄长。"在西周的青铜器中,'孝'字已经大量出现。《三代吉金文存》中'孝'字共 104 见,《西周金文大系考释》中 36 见。除去两书中重复的部分,共有讲孝的铭文 112 则。"②殷商、西周是文字记载时代传统文化的开端和创造时期,文字记载的一些内容,证明孝的观念在周代已经普遍存在。

与殷人不同的是,周人对祖先的祭祀既是一种宗教行为和政治行为,又包含着浓厚的敬仰、追念等血缘亲情,是一种伦理行为。西周孝观念除了祭祀祖先这层含义之外,还增添了奉养父母的新意义。"祭祀祖先是贵族的特权,奉养父母作为平民的义务,使孝观念向着'子德'的方向演进,并逐渐取代祖先祭祀,成为后世孝道德的主要内容。"③

自西周始,就建立了比较完善的宗法分封制度,增加了道德伦理方面的内容。侯外庐在其主编的《中国思想通史》中指出:德与孝是周代统治阶级的道德纲领,"德以对天""孝以对祖"是周代伦理的特色。张践教授认为:"在西周金文中,金文中的孝字,主要还是针对故去的祖先的,但是在大力提倡祖先崇拜的同时,周人的孝道观也增加了生活伦理的内容,即在颂扬祖先

---

① 王红武:"关于中国传统伦理道德文化的思考",《学术探索》,2007 年第 3 期。
② 查国昌:"西周'孝'义试探",《中国史研究》,1993 年第 2 期。
③ 张艳艳:"中国传统孝文化的历史变迁及当代价值",《中国学术研究》,2008 年第 9 期。

功德、祈求祖灵佑护的同时,孝道中也出现了'孝养'的观念。"①

周代倡导尊老敬贤的道德风尚,定期举行养老礼仪,周天子及诸侯亲行养老之礼,在太学设宴款待三老、五更及群老,以示恩宠礼遇。在地方,则每年都要定期举行"乡饮酒礼",凡60岁以上的老人都享有特殊的礼遇,目的在于正齿位,序人伦,尊老敬贤,敦睦乡里。周代将孝道作为人的基本品德,提倡"三德"(至德、敏德、孝德)、"三行"(学孝行以亲父母;学友行以尊贤良;学顺行以事师长),成为社会道德教化的核心内容。"周人养国老于东胶,养庶老于虞庠。""五十养于乡,六十养于国,七十养于学,达于诸侯。"②所谓"国老",就是卿大夫一级年老致仕的封建贵族;所谓"庶老",就是庶民百姓中德高望重的长者。把他们安排在官学养老,让他们兼任学校的老师,传播知识,推广教化。

西周由于亲缘关系明确,家庭内亲子之间特殊情感也随之发生,在《诗经》中保留了许多感念父母抚育之恩的诗篇。如,"父兮生我,母兮鞠我,拊我畜我,长我育我,顾我复我,出入腹我,欲报之德,昊天罔极"(《小雅·蓼莪》)。这里开始出现了"报"的概念。人类在漫长的进化过程中,形成了非常特殊化的生命属性,即个体在其幼年时期和老年时期都是十分脆弱的,需要群体的呵护。当出现了家庭以后,这种养老育幼的任务就逐渐成为家庭的责任。知恩报恩也就成了孝道伦理最为深刻的社会依据。

在周代封邦建国的政治体制中,宗主与受封者的关系是一种血缘关系与政治关系的统一。周代之初进行的一系列分封,并不是针对有功之臣,反而更多地是以血缘为纽带,将王朝土地分封给君王的亲戚兄弟,以达到"屏周"的最终目的。周王朝的统治秩序建立在这种亲情与政治合一的基础之上,如此一来,宗族中对长辈的敬孝体现在政治上,这就成了"忠"。可见,孝

---

① 张践:"儒家孝道观的形成与演变",《中国哲学史》,2000年第3期。
② 殷泽、赵建:"正在弱化的传统的养老模式",《祖国》,2012年第14期。

不再是单纯对自我家族父母或先祖的孝养,更有以孝为忠,以忠事君,以忠事国的内涵。这就证明了"忠"紧随"孝"渐次而生。

不少学者都提出来同样的论述,例如,"周的国家与社会具有同构性。从国家制度来看,施行的是分封制;从社会制度来看,施行的则是宗法制。家国同构决定了政治关系实质上是由血缘关系来确立的,传统儒家以'君父-臣子'来表达这种关系。由此在社会意识领域中,孝、忠合一,这成为'家国同构'的观念形态"①。

孝道可以使家族成员的关系变得更加和谐,维护了国家社会基本单位的和睦,进而维护了国家社会的稳定,从而起到巩固君王国家政权的作用。因此,可以说孝不仅仅是宗法之德,更是君王之德,以德化民的做法便成为历代统治者遵奉的治国经典,家国同构关系的伦理观也成为传统中国的重要价值观念。

到了春秋时期,社会剧烈变动。社会经济制度的变革引起传统意识形态的动摇,作为唯一社会意识形态的宗法性宗教开始土崩瓦解,表现为礼仪规范被破坏,"僭礼"事件频繁发生,"疑天""怨天"思潮广泛流行等等。当天神丧失了绝对的权威时,祖神的能力也受到了怀疑,依托于祖神的孝道观念自然也发生了严重的动摇。《左传》中记载了大量违反孝道的事件。例如,卫国的悼子死了父亲,他不感到悲伤;鲁国的昭公死了母亲,他不哀痛,还去打猎;"弑父弑君"一类严重违逆人伦的事件时有发生。

为改变社会混乱的局面,墨家学派的创始人墨子率先提出"兼爱""利亲"的孝道观。墨子认为,当时天下之所以混乱,"国之与国之相攻,家之与家之相篡,人之与人之相贼,君臣不惠忠,父子不慈孝,兄弟不和调"(《墨子·兼爱上》)。皆起于因家庭而生出的自私之心,"不相爱也"。社会上的人们应该"兼相爱,交相利",都应该"视人之国若视其国,视人之家若视其

---

① 金香花:"'家国天下'观念的历史形成及其现代意义",《光明日报》,2019 年 10 月 28 日。

家"(《墨子·兼爱中》)。然而在私有制社会里,因为有了物质利益的争夺,兼爱的精神固然崇高,但却无法将其付诸实践。

在重建以孝道为核心的宗法伦理的过程中,儒家的创始人孔子发挥了决定性的作用。

孔子,名丘,字仲尼,春秋末期鲁国陬邑(今山东省曲阜市)人,生于公元前551年(鲁襄公二十二年)9月28日,即农历8月27日。据《史记·孔子世家》记载,孔子的祖先本是殷商后裔。周灭商后,周成王封商纣王的庶兄微子启于宋,建都商丘。微子启死后,其弟微仲即位,微仲即为孔子的先祖。自孔子的六世祖孔父嘉开始,其子孙以孔为姓。孔子的曾祖父孔防叔为了逃避宋国内乱,从宋国逃到了鲁国定居下来,从此失去卿位,从贵族下降为士族家庭。孔子的父亲名叫孔纥,字叔梁,做过陬邑的长官。叔梁纥是个武士,先娶施氏,连生9女。再娶一妾,生子孟皮,脚有残疾。鲁国公是周公的后代,实行周朝礼仪,女人、残疾者不准进庙参加祭祀活动。因此,叔梁纥60多岁时娶了18岁的年轻女子颜征在为妾,产下一男,便是孔子。孔子出生后不久父亲就去世了,家境亦降为一般平民境地。

鲁国国都曲阜是贵族聚集之地,更是"六艺"的兴盛之地。颜征在娘家是曲阜大族,她离开陬邑,带着三岁的儿子孔丘迁居到曲阜城内的阙里街住下。《史记·孔子世家》记载:"孔子为儿嬉戏,常陈俎豆,设礼容。"孔子15岁时"志于学",19岁时乡人赞他"博学",在鲁国已经有了相当的名气。孔子19岁完婚,娶亓官氏,生鲤,字伯鱼。那时候,鲁国为"三桓"执政,即鲁桓公后裔孟孙氏、叔孙氏和季孙氏把持国政。孔子先在鲁国权臣季孙氏家里任委吏,就是仓库管理员,后又做"乘田",即管理牛羊畜牧的小吏。尽管这都算不得什么官职,但他毕竟也算出仕了。

鲁昭公七年(公元前528年),孔子的母亲去世。几年后,孔子设教于阙里。这成了中国教育史上"学移民间"的第一所私学。孔子从51岁任中都宰到任鲁国大司寇,共有4年为官时间。其间,孔子以处理"夹谷会盟""堕

"三都"等著名历史事件而留名青史。由于齐人的离间,鲁定公对孔子的态度逐步冷淡。孔子被迫离开鲁国政坛,离开妻子儿女,率领弟子开始周游列国,宣扬自己的政治理想。历经 14 年后,67 岁的孔子返回鲁国,主要从事教育事业,至公元前 479 年(鲁哀公十六年)去世,享年 72 岁,葬于曲阜。孔子逝后第二年,鲁哀公修建了孔子庙,春秋两季以猪羊致祭。

孔子晚年修订六经,即《诗》《书》《礼》《乐》《易》《春秋》,成为春秋末期鲁国的思想家、教育家、政治家,是春秋战国时代百家争鸣之时儒家学派的创始人。孔子集华夏上古文化之大成,又开启一代教育、思想、政治、伦理的新风,在世时已经在列国有着重大影响。儒家思想经过其弟子的不断丰富,成了中国影响最大的流派。孔子被后世统治者尊为孔圣人、至圣、至圣先师、万世师表。

孔子就生活在"礼崩乐坏"、传统宗教瓦解的时代。他在思想理论中丰富和发展了孝文化的内涵,创建了以"仁"为核心观念的哲学体系,用仁学的观点重新解释了西周的"礼",他说:"人而不仁如礼何? 人而不仁如乐何?"(《论语·八佾》)"孝悌也者,其为仁之本与。"(《论语·学而》)

孔子如是说是有依据的。《尚书·金滕》载:"周公自谓'予仁若考'",这是现存典籍中'仁'字的最早出处。朱芳圃《甲骨学文字编》注云:"古老、考、孝本通,金文同。予仁若考。""予仁若考"的意思是,"我抱着仁心孝敬祖先,仁就是孝"。显然,早期仁的内涵就是孝敬祖先、亲爱父母。"从儒家伦理思想形成发展的历史来看,孝为仁之源。在宗族共同体的范围内,最重要的德行是'孝',后来的'仁'德甚至是从'孝'的观念发展出来的。"[1]

"仁"是众德之总,而"孝悌"则是众德之源,一个人孝顺父母,敬爱兄长,这是仁的基础。"仁者爱人",爱人要从"亲亲"做起,就是要从孝顺父母、尊敬长辈做起,其次是与兄弟等平辈亲人的友爱,即所谓"悌"。孔子完成了从

---

[1]　韩星:"仁孝之辨的思想演变与逻辑结构",《船山学刊》,2015 年第 1 期。

宗教到哲学孝道根据的转变。

孔子把"孝"作为"仁"的重要内容而特别强调。他对如何养亲作了细致的说明,系统建构了孝道的行为规范。如,"弟子入则孝,出则弟。""事父母,能竭其力。"(《论语·学而》)人应当努力地劳作,竭尽全力使父母过上好的生活。那时候个体家庭相对独立,养亲逐渐成为孝道的主要内容。

除了要对父母尽各种孝养的义务外,更重要的是要对父母有敬爱之心。"子游问孝,子曰:今之孝子,是谓能养。至于犬马,皆能有养。不敬,何以别乎?"(《论语·为政》)人与动物的最大区别在于人是有思想、有情感的,孝子养亲是出于对父母养育之恩的感怀,发自至情至爱,应毕恭毕敬,和颜悦色。

孔子认为,父子兄弟之间具有直接的血缘关系,他们之间的感情最真诚、最自然,孝悌会对人充满爱心,这种爱心的推广,就会爱家族之外的众人,就会对统治者忠心,这就是孔子所说的"入则孝,出则弟,谨而信,泛爱众,而亲仁,行有余力,则以学文"(《论语·学而》)。

孔子说:"孝子之事亲也,居则致其敬,养则致其乐,病则致其忧,丧则致其哀,祭则致其严,五者备矣,然后能事亲。"(《孝经·纪孝行章第十》)这五种表现是孝敬父母的天性,只有这五方面都做到,才称得上是侍奉双亲的孝子。这就确立了孝对于所有人的道德要求,并成为其他道德的基础。

孔子提倡孝道,但绝不是不讲原则地一味顺从父母的意志,不能因亲情而废礼仪,不能因孝而废义。"事父母几谏,见志不从,又敬不违,劳而不怨。"(《论语·里仁》)父母有了错误,子女有义务劝谏,不过态度要和善、委婉。如果父母不听,也不应在行动上有所违背或怨言。

在"忠"的问题上,《礼记·表记》中记载了孔子对虞帝的评价,如"子民如父母""忠利之教""忠而不犯""近人而忠"等。孔颖达在《五经义疏》中说:"忠利之教者,言有忠恕利益之教也,以忠恕养于民,是忠焉也。"孔颖达的意思便是指王、侯、将、相应当尽忠于民。《左传》中的"上思利民,忠也",

以及《孟子》的"教人以善谓之忠",都与之对应。这是春秋时代人们对忠的解释。

由此可见,最早的"忠"并非忠于帝王,而是忠于民、忠于义、忠于善。所谓"子民",并非是君王对待人民如同子女,而是君王对待人民如同父母,子民中的"子"并非儿子之"子",而是尊称之"子",犹如孔子、孟子一类的用法。

孔子秉持着他"中庸之道"的思想方法,看任何问题都要看到两个方面,办任何事情都不要走极端。《论语·八佾》篇中有一段对话,"定公问:'君使臣,臣事君,如之何?'孔子对曰:'君使臣以礼,臣事君以忠。'"意思是说,如果君王能按照礼来对待大臣,那么大臣就会尽心去做君所任命的份内之事。大臣事君所采取的原则,应首先看君是明君还是昏君。

子路问事君,孔子说:"勿欺也,而犯之"(《论语·宪问第十四》)。意思是忠臣不能欺瞒君王,但可以犯颜直谏。孔子在讲述忠臣孝子的道德义务时说:"出则事公卿,入则事父兄"(《论语·子罕》)。"迩(近)之事父,远之事君"(《论语·阳货》)。这就是孔子的所谓"内孝外忠"观点。

在《论语·为政》里还记载了孔子以孝劝忠的思想:"季康子问:使民敬,忠以劝,如之何? 子曰:临之以庄,则敬;孝慈,则忠;举善而教不行,则劝。"孔子的回答是,只要高层对待人民的事情认真负责,在孝顺父母、慈爱幼小等方面做出榜样,下面的人就会忠实地为国家的事情尽心竭力,也会从中得到劝励的。

在孔子看来,"忠"隶属于"仁",忠是诚实的表现。它所传示的精深内涵本身便是仁义。忠作为众德之一,受人类社会活动和人际关系中应当遵循之最高原则的"义"的节制,成为其美德。

忠者,德之正也。从造字可以看到,"忠"存心居中,正直不偏,古以不懈于心为敬,故忠从心;又以中有不偏不倚之意,忠为正直之德,故从中声。在《周礼》疏中,"忠"的意思就是不偏不倚、公正无私、真诚无欺的道德感情。

而作为伦理道德的最基本的含义主要是"无私而公正不偏",这就是"忠"的原始意义。《说文解字》中讲:"忠,敬也,尽心曰忠",做到竭诚尽责就是忠的表现。这同样验证了"忠"的初始意义。"'忠'在《论语》中共出现了18次,但不管'忠'怎样出现或与什么词连用,其基本的伦理含义只有两种:其一是'公正无私或尽心尽力';其二是'真诚'或'诚实'。"①由此可见,"忠"是为人处世的一种道德准则,并不是针对单一的对象。因为它必然要通过人事才能表现出来,其对象较为广泛,对自己的份内之事,对亲、师、友、君所交待的事都要忠。间接地,也便成了待亲、待师、待友、待君都应该忠,当然这忠并非无原则的忠。

现代一些人一提到"忠",就往往与"忠君"思想联系起来,这实在是对先儒的误会。据学者查证,儒家经典里没有发现"侍君"一词。

春秋末年,鲁国史官左丘明在他的《左传》里说,"国之大事,在祀与戎"。这种观点将家族祭祀与国家兵事相提并论,而祭祀就是对先祖之孝,兵事则内含对国家的忠,这就将孝由家庭延伸至国家。《左传·宣公十二年》中说,"进思尽忠,退思补过",意思是,上朝为官时想着尽忠职守,认真负责;退朝居家时总想着补救自己的过失,增进自己的德行学问。《左传·昭公元年》中有:"临患不忘国,忠也。"即在患难或灾难之时不忘记国家,这就是忠诚。这是春秋时代人们对忠的看法。这种解释已不只是对"忠"字内涵的解释,还把忠的对象进一步延伸至国家了。

这一时期,孔子的学生曾子继承并发展了孔子的孝伦理思想,是儒家学派的重要代表人物。他参与编制的《孝经》成了汉代及其后历朝历代的治国之本。曾子生前大孝尊亲,被誉为"古今孝子第一人"。

---

① 金香花:"'家国天下'观念的历史形成及其现代意义",《光明日报》,2019年10月28日。

二、《孝经》对忠孝伦理的整合与贡献

曾参,字子舆,尊称曾子,春秋末期鲁国武城(今山东平邑县)人。曾子的父亲名叫曾点(字皙),母亲上官氏,一家人常年劳作,生活贫苦。曾皙是孔子的学生,曾子16岁也拜孔子为师,颇得孔子真传。曾子18岁开始随孔子周游列国,22岁随孔子返回家乡鲁国武城,开始收徒讲学,农忙时下田劳动。虽然家境十分贫寒,但他非常孝敬父母。在《孔子家语》中记载了这样一个故事:曾子随父亲在瓜田锄草,误把一株瓜苗锄掉了。父亲大怒,用棍子打他,曾子倒地,不省人事。过了很久曾子才苏醒过来。回家后,曾子见父亲很懊悔,就走进卧室弹琴唱歌,以证明自己身体没事,让父亲安心。曾子安然承受父亲责打,依旧奉孝,受到邻里称赞。而孔子听说这件事后很生气,责怪曾子愚蠢,挨打不知避逃。孔子对曾子说,你在那里等着父亲把你打死,使你父亲背上一个不仁不义的坏名声,你这是大不孝! 曾子在孔子的教育下,对孝道有了更深刻的理解。平日里,曾子把好饭好菜总是先让给父母吃,父母喜欢吃的东西,他自己不肯吃。他说,杀一头牛放在坟前祭祀,还不如趁父母活着的时候杀只鸡给他们吃。曾子的孝道感动了邻里,都称他是个大孝子。

曾子22岁这年冬天,母亲因病去世。5年后,孔子去世。孔子临终前将孙子孔伋(子思)托付于曾子。在曾子为孔子守墓3年后,齐国聘请他担任"卿",他辞而不就,说:"我父亲年老了,接受人家的俸禄就要替人家去做事,我不忍心远离父母。"曾子31岁时父亲病故,他守孝3年后外出游历多年,其间,在楚国只做了一年的官就回归故里,从此不再为官,而是游走各地,继续设教授徒。曾子50岁时,应家乡父老的要求离开旅居10年的卫国,回到故乡南武城继续讲学,并专心于儒学的传承和研究。曾子62岁那年,他的长子曾元到鲁国都城曲阜做官,他就与家人一同到此居住,一面授徒讲学,一面带领弟子们整理儒家典籍。

虽说儒家学说是孔子师徒多人共创的,颜回、子夏、子贡、子路、子羽、子张、樊须都曾做出了一份贡献,但相比之下,在孔子的学生中曾子的贡献是最大的。曾子和他的学生们把孔子及其弟子的言行辑录起来,编成《论语》《孝经》和《大学》等典籍(对《孝经》的编撰者历来存有争议,我们认为是曾子学派所编撰),为保留和传播儒家文献做出了重要贡献。

曾子对儒学的贡献是多方面的,最突出的还是他的孝本思想。他是中国古代传统孝道理论的集大成者,他主持主编的《孝经》,两千多年来成了体现中华民族传统人文精神的经典之作,曾子被后世尊奉为"宗圣",与孔子、孟子、颜子、子思一起并称"五圣",供奉在曲阜孔庙大成殿中,接受历代帝王的祭拜。

《孝经·开宗明义章》说:"夫孝,德之本也,教之所由生也。"意思是说,孝是一切道德品行的根本,其他所有道德品行都是由孝衍生出来的,从而把孝的地位与作用推到了极致。南宋著名文学家戴侗在《六书故》中说:"教"即是孝字;《文》解释"教"为"上所行,下所效也";林语堂认为,"教"字也是从孝演变而来的,即"孝"字加表示使役的偏旁"攵",意思是"使……孝"。

《孝经》以孝为中心,系统而集中地论述了儒家的伦理思想,对源远流长的中华孝文化,尤其是中国人的孝意识、孝行为及其具体的内容与方式加以总结、概括和升华。《孝经》最大的贡献是首次将"孝"与"忠"在理论上联系起来,整合成"忠孝之道"。

那时候,各国基本完成了从宗法血缘制度向地域政治制度的社会转型,周礼所确立的"宗君一体"的封建制度基本瓦解。忠与孝、宗统与君统(即宗族与国家)的矛盾不可避免地暴露出来,二者对立且难以调和。儒家竭力调合两者的矛盾,证明两者的一致性。曾子说:"事父可以事君,事兄可以事师长;使子犹使臣也,使弟犹使承嗣也;能取朋友者,亦能取所予从政者矣"(《大戴礼记·曾子立事》)。即能侍奉好父亲就可以侍奉好君主,能服事好哥哥就可以侍奉好老师和长辈;使唤儿子如同使唤臣下,使唤弟弟如同使唤嫡长子;能获得朋友的人,也能获得一同从政的同事。曾子在"孝"和"忠"之间架起一座必然联系的桥梁,从而形成了他的"忠孝之道"。

《孝经》把"忠"看作"孝"的发展和扩大,并把孝的社会作用推而广之,认为"孝悌之至"就是能够"通于神明,光于四海,无所不通"。

《孝经》提出了"以孝治天下"的政治主张,多处论述了忠孝相通的思想,如"夫孝始于事亲,中于事君,终于立身。""资于事父以事母,而爱同;资于事父以事君,而敬同。……故以孝事君则忠,以敬事长则顺。""君子之事亲孝,故忠可移于君;事兄悌,故顺可移于长;居家理,故治可移于官。"这说明孝是源,忠是流,孝内含忠,忠成为孝的重要表现,忠孝两种道德在价值上具有了同一性。由此,孝的伦理价值实现了向忠的政治价值的转换,由孝劝忠在理论上得以实现。

在家为孝子,在朝为忠臣,表明尽孝是尽忠的前提,尽忠是尽孝的必然结果。《孝经》把孝于父母长辈的家庭宗亲伦理感情转化成忠于国家朝廷的政治道德观念,完成了君主宗法政体中的"家国同构",开创了"移孝作忠"的先河。

在"忠"的论述上,《孝经》里说:"立身行道,扬名于后世,孝之终也。"这就指出了立身扬名的途径,即由孝至忠,把孝于父母和忠于君国二者有机地结合起来,怀孝亲之心,立报国之志,扬名显亲,光宗耀祖,忠孝两全。这种思想观念一直延续了两千多年,赓续不易。

曾子以孝为核心,开创了儒家的孝道派,将孔子的孝观念在内涵上加以无限扩充,全面泛化,使之几乎囊括了作为个人在社会活动中的所有行为。《大戴礼记·曾子大孝》云:"居处不庄,非孝也;事君不忠,非孝也;莅官不敬,非孝也;朋友不信,非孝也;战阵无勇,非孝也。""在孔子思想中,仁、义、忠、信、礼等都是十分重要的德目,而曾子以孝统摄了这些德目,成为一切高尚品行的内在依据和前提,是实现一切善行的源泉和根本。"①

《孝经》就是把每个人对生身父母的孝作为整个社会道德的起点,再扩展为对祖国、对民族的忠。一个"孝"字就把整个社会有机结合成一体。国君可以用孝治理国家,臣民可以用孝立身理家。不管是帝王将相,还是平民百姓,无不对《孝经》推崇备至,甚至把它誉为"使人高尚和圣洁""传之百世而不衰"的金科玉律,成为独特的中国孝道文化。可以说,在整个封建时代,《孝经》是国家规定的教材。

至于"谏诤",先秦儒家无论是讲忠还是讲孝,都强调谏诤。《孝经》中说:天子有诤臣,不失其天下;诸侯有诤臣,不失其国;父亲有诤子,则身不陷于不义。可见,先秦儒家的"忠孝"思想并不刻板,也并非像现代有些人所批评的"愚忠""愚孝"。孝道走向极端化、愚昧化那是宋朝以后的事。

统观《孝经》的基本内容,其所讲的孝道是以服从社会发展长远利益为原则的。所以孝道在二千多年的中国帝制社会里,既不是一块单纯的掩饰等级剥削制度的面纱,也不完全是专制君主控制臣下、麻痹人民群众的思想工具。

在儒家后学中,思孟学派以继承发扬孔子学说"内圣"的一面而著称,把孝道从一种虔诚礼敬的宗教伦理变成了一种对自我意识进行反思的人生哲学。

儒家的亚圣孟子活动于战国中期,他以"人性善"为理论基础,提出"仁、义、礼、智、孝、悌、忠、信"的伦理道德,对孝道的行为规范进行了更为详细的说明。孟子说:"世俗所谓不孝者五:惰其四支,不顾父母之养,一不孝也;博弈好饮酒,不顾父母之养,二不孝也;好财货,私妻子,不顾父母之养,三不孝也;从耳目之欲,以为父母戮,四不孝也;好勇斗狠,以危父母,五不孝也。"(《孟子·离娄下》)不仅要养亲,还要尊亲。孟子说:"孝子之至,莫大乎尊

---

① 韩星:"仁孝之辨的思想演变与逻辑结构",《船山学刊》,2015 年第 1 期。

亲"(《孟子·万章上》)。这种尊敬,必须是发自内心的爱慕,"大孝终身慕父母,五十而慕者,予于大舜见之矣。"(同上)孝亲还必须守礼,"生,事之以礼;死,葬之以礼,祭之以礼,可谓孝矣。"(《孟子·滕文公上》)为了保证家族香火不断,祭祀有时,孟子指出:"不孝有三,无后为大"(《孟子·离娄上》)。除了祭祀祖先,怀念祖先,更重要的是把祖先开创的事业继承下来。

孟子在《孟子·梁惠王上》中提出了"老吾老以及人之老,幼吾幼以及人之幼"的观点,与孔子的思想一脉相承。尊敬自家的长辈,推广开去,也尊敬人家的长辈;爱抚自家的儿女,也去爱抚人家的儿女,这句话不仅仅是圣贤人的风范,亦成为中华民族一贯的传统博爱思想。

孟子在《孟子·离娄章句上》中说:"天下之本在国,国之本在家,家之本在身","人人亲其亲、长其长,而其天下太平"。这句话阐述了家庭、社会、个人的关系,家庭的前途命运同国家和民族的前途命运紧密相连。它要求人们重视个人修养和成长,重视家庭、重视亲情。家事虽小,却是"国"和"天下"的基本构成元素,无家不成国。只要人人各自亲爱自己的双亲,各自尊敬自己的长辈,那么天下自然就可以太平了。

孔、孟对孝的论述,已经涉及后世孝道的方方面面,从而确立了传统孝道的基本面貌。从敬养上看,主要是敬养父母,敬养父母双亲是人类的天性,亦曰"天伦"。儒家以基于血缘的亲情之爱为基础,从自然的血缘之爱推广为更大的伦理关系,建构有差等的爱。家族观念成为伦理观念的根基所在,孝悌忠恕爱敬,无一不是筑基于家族观念。但儒家的精神追求又要超越自然秩序,以己推人、由近及远,最终发展为"民胞物与"的精神自觉与以天下为己任的责任意识。这是儒家做出的重大思想贡献。

到了战国时期,"忠"的伦理内涵发生了嬗变,误入了"忠君"歧途。

战国(前475年—前221年)时期,知识分子中不同学派的涌现及各家流派之间争芳斗艳,形成百家争鸣的局面。诸子学的特点是民间士人的独立学说,体现了士人的独立思想。"士人因自己的价值观念不同,在面对王权时产生不同的政治态度,同时产生不同的政治选择和人生选择。法家依附王权,道家疏离王权,儒家与王权合作。"①

那时候,在"忠"的问题上出现了特定对象——忠臣。"忠臣"一词最初出现于《墨子》。墨子,名翟,战国初期人,墨家学派的创始人,著有《墨子》一书。《墨子》第49篇《鲁问》中记载,鲁阳文君谓子墨子曰:"有语我以忠臣者,令之俯则俯,令之仰则仰,处则静,呼则应,可谓忠臣乎?"子墨子曰:"令之俯则俯,令之仰则仰,是似景也;处则静,呼则应,是似响也。君将何得于景与响哉?若以翟之所谓忠臣者,上有过,则微之以谏;己有善,则访之上,而无敢以告。外匡其邪,而入其善。尚同而无下比,是以美善在上,而怨雠在下;安乐在上,而忧戚在臣。此翟之所谓忠臣者也。"

在这段话中,墨子回答了何以为"忠臣"的问题。在他看来,鲁阳文君所说的那样的人"像影子,像回声",国君在那样的臣子那里得不到什么。国君有过错则伺察机会加以劝谏,匡正国君的偏邪,不结党营私,这才是忠臣。有学者对此评论道:"墨子倡导君惠臣忠,将'为人臣必忠'视为其忠观念的第一要义和核心内涵,强调'臣之忠',与孔子'君使臣以礼,臣事君以忠'的忠观念相比,丧失了臣的主体人格,置臣于君的从属性地位。忠伦理开始由孔子对一切人的忠向臣下对君主单向度的忠君观念发展和演化。"②

孟子在谈到"忠"时,和孔子一样,不认为忠是无原则地听从上司、君主之命。《孟子·离娄上》篇中言:"子告齐宣王曰:君之视臣如手足,则臣视君如腹心;君之视臣如犬马,则臣视君如国人;君之视臣如土芥,则臣视君如寇仇。"孟子认为"责难于君谓之恭,陈善闭邪谓之敬"。意思是说,能勇敢地指出君王的过错才是忠臣的恭;能导君明德,避免不好的行为,才是忠臣的敬。

孟子是主张忠君的,只不过前提条件是君主尊仁行义,尊贤任能,以王

---

① 朱汉民:"先秦诸子的政治态度:法家为何心甘情愿依附王权",《凤凰国学》,2017 年 6 月 26 日。

② 孔祥安:"墨子的忠观念——兼论与孔子的不同",《学术探索》,2019 年第 4 期。

道平治天下。这点和孔子类似，但比孔子更为详尽具体，尤其是孟子对于王道仁政的信仰，致使其对于君主近乎"苛刻"的期望，但这同时也恰恰反映了他渴望忠于明君圣主的心情。在孔孟那里，"忠"隶属于"仁"，忠是诚实的表现，它所传示的精深内涵本身便是仁义。忠在众德中的地位很高，忠做为众德之一，受着人类社会活动和人际关系中应当遵循之最高原则的"义"的节制，成其为美德。

先秦最后一位儒家大师，战国末期的政治家、思想家荀子提出："从道不从君，从义不从父，人之大行也"（《荀子·子道》）。意思是说，顺从正道而不顺从君主个人，顺从道义而不顺从父亲个人，这是做人的最高准则。《荀子·君子》篇里说："忠者，敦慎此者也。"他把办事敦慎称为忠，还没离开孔子对忠的正确观点。但是《荀子·臣道》言："从命而利君谓之顺，从命而不利君谓之谄；逆命而利君谓之忠，逆命而不利君谓之篡；不恤君之荣辱，不恤国之臧否，偷合苟容，以持禄养交而已耳，谓之国贼。"可以看出，荀子对忠的解释已不同于孔孟，已经向着"忠君"的方向发展。"使生死终始若一，一足以为人愿，是先王之道，忠臣孝子之极也"（《荀子·礼论》）。这几乎是给"忠臣孝子"下了定义。

荀子以后，"忠的内涵开始围绕君之事进行定向思考，包含忠信、忠顺和忠君。质言之，就是忠君为体，忠道为用，忠道是为了更好地忠君，从而促成了后世忠君文化的形成。忠孝观念经过荀子的发挥，到了《孝经》成书时，已经相当严密与成熟，适应了当时社会大一统的趋势，其核心思想移孝作忠，充分表达了君父同一、家国同构的涵义"①。

忠孝是儒家所推崇的主要思想之一。在宗法制强盛时期，君统与宗统合一，忠孝合一。但"春秋战国时期，随着宗法制的崩溃，君统与宗统分离，

---

① 王成、张力舵："'忠君'：荀子'忠'思想的内核与逻辑指归"，《湖南大学学报》，2018年第6期。

忠便从孝中分离出来,独立的发挥起作用,并很有一种后来居上即'忠大于孝'的趋向。"①到荀子的学生、法家代表人物韩非时,他在《韩非子·忠孝》里说:"臣事君,子事父,妻事夫,三者顺则天下治,三者逆则天下乱,此天下之常道也。"韩非子是最早鼓吹王权至上者。"韩非子主张法制,加强中央集权,实行君主专制,他指出:'事在四方,要在中央。圣人执要,四方来效。'国家治理的根本就是让君主(圣人)有效地控制政治权力。"②

考察一下战国时期的历史可知,它是华夏历史上分裂与对抗最严重且较为持久的时代之一。以三家分晋的结果为标志,奠定了战国七雄的格局。原本分散在各家诸侯手中的土地、人口和财富,都集中在了少数几个诸侯手里。天下从成百上千个小国家整合为十多个大实体国家,各个大国不得不面对直接残酷竞争的局面。有学者分析道:"'忠'作为一个道德范畴在这个时期被频繁使用,但此时的'忠'仍是一种普遍性道德,它既是一种真诚不欺的个人美德,也是为政者应持守的政治道德。伴随世卿世禄制度的解体和官僚雇佣制度的形成,'忠'逐渐被形塑为调整新型君臣伦理关系的臣子应具备的政治道德。荀子和韩非子在理论上对'忠君'思想的形成起了重要的推动作用。"③

至战国后期,忠德日益成为君主对臣民的单方面的道德要求。由于忠与孝在本质上都是维护尊卑等级关系的,因此二者具有价值同一性,属于同一价值规范体系。忠君思想在此后历代古典文学的爱国主义中不是局限性,而是一个本质的特征。"爱国"与"忠君"思想是整个封建社会的精神支柱,它们既矛盾又统一地存在于我国古典文学的爱国主义中。二者都占据主导地位。

沈阳师范大学吴星杰教授评论道:"在先秦儒家经典文献中,忠和孝是

---

① 周玉生:"先秦儒家忠孝观念变迁研究",郑州大学硕士论文,2010年。
② 朱汉民:"先秦诸子政治态度平议",《现代哲学》,2017年第2期。
③ 郝绍彬:"'亲亲相隐'可从宽 彰显法治进步",《人民法院报》,2015年6月7日。

两个重要的伦理规范。'忠'属于政治伦理和社会伦理范畴,'孝'属于家庭伦理范畴。到战国后期,逐步形成了'忠孝'一体的思想,把修身、齐家、治理、平天下的家国观和忠孝一体的忠孝观有机地融为一体"。但是那时的儒家主流观念仍然践行着忠臣"从道不从君"的信条,强调天子的行为应符合天的意志,天道规范一切。此后的千百年里,这一点成了儒家士大夫阶层的精神支撑点与道德力量,这种道德形成的社会舆论,就是以儒家为本位的话语权,以此来抵制帝王违反道统的行为。

在忠孝问题上,以孔孟为代表的先秦儒家的"忠""孝"陷入了道德困境。根本原因是因为战国时期,西周"宗君一体"的制度已经瓦解,世卿世禄普遍废除,孝与忠之间亦不存在直接等同的关系,反而是国家利益往往会与家族利益发生冲突。《吕氏春秋·仲冬纪当务》载:"楚有直躬者,其父窃羊而谒之上,上执而将诛之。直躬请代之。将诛矣,告吏曰:'父窃羊而谒之,不亦信乎?父诛而代之,不亦孝乎?信且孝而诛之,国将有不诛者乎?'荆王闻之,乃不诛也。"这就是有名的"直躬救父"故事。

《论语》记载:叶公把"直躬救父"这件事告诉了孔子。孔子说:"吾党之直者异于是:父为子隐,子为父隐,直在其中矣。"这就是孔子所谓"亲亲相隐"原则。儒家主张孝重于忠,在两者发生矛盾时,舍忠尽孝。

韩非对儒家的"子为父隐"说表示不满,指出:"楚之有直躬,其父窃羊而谒之吏。令尹曰'杀之!'以为直于君而曲于父,报而罪之。以是观之,夫君之直臣,父之暴子也。鲁人从君战,三战三北。仲尼问其故,对曰:'吾有老父,身死,莫之养也。'仲尼以为孝,举而上之。以是观之,夫父之孝子,君之背臣也。"(《韩非子·五蠹》)韩非主张舍孝尽忠,对儒家提倡孝德的主张予以批评,视其为社会的蠹虫,"儒以文乱法",应当坚决取缔。他站在君主和社稷的立场上考虑忠孝冲突问题,认为国君如果奖赏匹夫这种舍忠尽孝的行为,将会危及江山社稷的长远利益。

不过,孔子这种处理忠孝伦理困境时所提出的孝重于忠的思想为后世儒者所赞同。在《四书章句集注》之《论语集注》中，朱熹认为："父子相隐，天理人情之至也，故不求为直而直在其中。"

历代学者对孔子的"亲亲相隐"说的争论已经延续两千多年，至今仍在进行着。"新中国成立后，因忽视传统文化继承，'大义灭亲'曾在一段特殊历史时期发展到了子女揭发父母、妻子揭发丈夫，邻里朋友、同事之间互相揭发，导致社会人人自危，亲情殆尽，信任丧失，这段历史作为教训，值得反思。"[1]2015年5月29日，最高人民法院公布《关于审理掩饰、隐瞒犯罪所得、犯罪所得收益刑事案件适用法律若干问题的解释》，其中对近亲属间因初犯、偶犯掩饰、隐瞒犯罪所得、犯罪所得收益罪可免予刑事处罚。"体现了司法解释对传统文化的扬弃和对人伦常情的有条件的认同，彰显了人道原则和法治进步。"[2]

《吕氏春秋·孝行》中提出了孝忠相通的思想。例如："人臣孝，则事君忠，处官廉，临难死；士民孝，则耕耘疾，守战固，不罢北。"这就是说：臣子在家如果是孝子，为官就会忠于君主、忠于职守；普通民众，如果孝顺父母，在家则会努力耕作，以孝养双亲，作战时就会坚守阵地不投降。在这里，勇敢作战不降敌是为人称道的孝行，忠德已经悄然上升为社会首肯的重要的伦理价值。

忠孝伦理文化经历了孔子、孟子等儒家的诠释，已经成为一个极为丰富的思想理论体系。"忠孝"思想完全是为了"修身、齐家、治国、平天下"的政治目的服务的，其积极的方面是影响了中华民族几千年的文化心理，形成了优秀的文化底蕴。"以孝治天下"曾经创造了中国的汉唐盛世。"忠"的观念强化了国民的民族认同感、民族利益观念和民族自信心。

战国时期的秦国，秦王嬴政于公元前221年称帝，史称"秦始皇"。他欣

---

① 吴争春、吕锡琛："论古代忠孝道德困境"，《求索》，2010年第4期。
② 郝绍彬："'亲亲相隐'可从宽 彰显法治进步"，《人民法院报》，2015年6月7日。

赏韩非的法家学说,实行"以法为教","以吏为师"。因为儒学不能为封建专制主义中央集权统治服务,他斥诸子百家为"六虱""五蠹"。秦始皇用政治权力强制干预和控制思想,采纳丞相李斯的建议,实行野蛮的"焚书坑儒"政策,这成了儒学惨遭毁灭性摧残的一个特殊的时期。

尽管秦始皇反对儒学,但他本人又身不由己地或者不自觉地遵从着孝道。公元前 238 年,嫪毐作乱,事涉母后,秦始皇极为愤怒,将其母迁出京城。茅焦冒死进谏说:"秦方以天下为事,而大王有迁母太后之名,恐诸侯闻之,由此倍秦也。"(《史记·十二本纪·秦始皇本纪》)秦始皇怕背上不孝的骂名,只得将其母又接回,死后与其父秦庄襄王合葬。

统一六国后,秦始皇巡游国家各地,勒石称功,其中有不少宣扬孝道的文字。如《绎山刻石》说:"廿有六年,上荐高庙,孝道显明。"《琅琊刻石》称"以明人事,合同父子,圣智仁义,显白道理"。反映出秦始皇既反儒又不得不践儒的矛盾心理。

为了使民众服从统治,秦王朝用刑法在民间推行孝道。在近年出土的《云梦秦简》中记载有许多维护孝道的法律,如"殴大父母,黥为城旦舂";"父盗子,不为盗";"子盗父母,父母擅杀,不为公室告";"子告父母,臣妾告主,非公室告,勿听"。《睡虎地秦墓竹简·封诊式》记载了两条父亲告儿子的案例,父亲要求政府将儿子杀死或断足流放,政府皆照办了。

秦始皇过分迷信政治权力的作用,试图依靠法律来迫使全国民众接受片面孝道,只有"尊尊"而无"亲亲",使之变成了单纯的权利义务关系,从而丧失了孝道的社会整合的功能,以致"今法律令已具矣,而吏民莫用,乡俗淫失(佚)之民不止"(《云梦秦简·语书》)。显然,忽视了对民众的礼义教化是不行的。

在韩非等人的法家学说功利主义的诠释下,秦王朝所提倡的孝道反而加剧了社会矛盾。秦朝统一仅十余年后,公元前 209 年,陈胜、吴广斩木为兵,揭竿而起。之后,刘邦、项羽起兵江淮共抗秦。秦亡后,汉初的思想家贾谊在他的《治安策》中总结秦亡的原因时说："秦仁义不施,导致了君臣之道的失范和人伦价值失控。""秦灭四维而不张,故君臣乖而相攘,上下乱僭而无差,父子六亲殃戮而失其宜,奸人并起,万民离畔。凡十三岁而社稷为墟。""若夫经制不定,是犹度江河亡维楫,中流而遇风波,舩必覆矣。可为长太息者此也。"秦朝抛弃忠孝伦理是导致其迅速灭亡的主要原因。

公元前 202 年刘邦称帝,史称西汉。汉武帝接受董仲舒建议,实施"罢黜百家,独尊儒术",使儒家思想逐渐成为我国封建社会的正统思想。儒学从此进入了独尊时期。

第二节　两汉至隋唐时期:孝文化的沉浮嬗变

一、汉代独尊儒术,以孝治国

一个有孝德的人才是一个受人敬重的真正儒者,才能够做到不宝金玉、不求多积,不贪不淫、不惧不慑,但求仁义忠信、清廉勤勉,成为一名好官;才能做到不亏义、不更守、戴仁而行、抱德而处、暴政不避、身危而志不能夺、自立而刚毅,成为一名君子;才能成为稽古察今、今世人望、后世楷模的先贤。因此,西汉提倡"以孝治天下",给"孝顺父母、办事廉正"之士授以官爵。

在古代的儒家学者看来,孝道是宇宙间恒常不变的普遍规则,孝道是修身、处世、治国、安邦的大经大法,是中国人最根本的做人标准。有子曰:"其为人也孝弟而好犯上者,鲜矣;不好犯上而好作乱者,未之有也"(《论语·学而》)。这一结论是孔子及弟子观察社会人情世故而得出的合乎逻辑的结论。因为一般而言,"孝悌"之人有上下尊卑的观念,不会轻易冒犯长辈,而不轻易冒犯尊上和长辈的人很少会做出扰乱社会的事情。这就是西汉统治者大力倡导孝道的深层原因。

马尽举教授认为,统治者之所以重视孝文化,是因为"在中国传统文化中,孝不是个孤立的概念。中国传统道德是以孝为理论基石建构的;中国传统的道德教育体系,是以孝为中心建构的;中国的道德社会化机制,是以孝为中心设置的。在这样的文化安排中,围绕着这个孝,形成了一个以父子关系为核心的孝文化丛。在孝文化丛中,有忠、信、节、义等社会道德规范"①。

重孝就要尊儒,尊儒自然要尊孔。汉高祖 12 年(公元前 195 年),刘邦在南征回京时专程绕道到孔子的故里曲阜孔庙,以太牢(牛、羊、猪各一只)最高的祭祀级别祭祀孔子,开历代帝王祭孔之先河。其后东汉光武帝也亲自到曲阜祭孔,明帝、章帝和汉安帝亦亲赴曲阜朝圣。其中以东汉章帝元和二年春的那次祭孔最为有名。"三月,己丑,幸鲁;庚寅,祠孔子于阙里,及七十二弟子,作六代之乐,大会孔氏男子二十以上者六十二人。帝谓孔僖曰:'今日之会,宁于卿宗有光荣乎?'对曰:'臣闻明王圣主,莫不尊师贵道,今陛下亲屈万乘,辱临敝里,此乃崇礼先师,增辉圣德。至于光荣,非所敢承!'帝大笑曰:'非圣者子孙,焉有斯言乎!'拜僖郎中"(《后汉书·儒林列传上》)。

孔僖,字仲和,是孔子的第 19 代嫡孙。他的作答不卑不亢:这不是给孔家的光荣,而是给皇帝自己的光荣。孔僖此言道破了皇家祀孔的潜在用意。章帝听了这句话多少可能有些尴尬,只得以大度自求排解,"非圣者子孙,焉有斯言乎!"

高祖六年,为表示孝道,尊太公为太上皇,公开下诏说:"人之至亲,莫亲于父子,故父有天下传归于子,子有天下尊归于父,此人道之极也。……今上尊太公曰太上皇。"②从惠帝开始,汉王朝还在选举制度上设置了"孝弟力田"科,是一种荣誉头衔。《汉书·惠帝纪》载:"四年春正月,举民孝弟力田者,复其身。"意思是奖励给孝顺父母、勤恳务农的人土地,以耕种兴家。

除西汉开国皇帝刘邦和东汉开国皇帝刘秀外,汉代皇帝都以"孝"为谥

---

① 马尽举:"关于孝文化批判的再思考",《伦理学研究》,2003 年第 6 期。

② 夏增民:"诏书与西汉时期的儒学传播——以《汉书》帝纪为中心的考察",《南都学坛》,2008 年第 5 期。

号，例如，孝惠帝、孝文帝、孝武帝、孝昭帝等，这就更使得孝道伦理深入人心。

汉文帝刘恒以仁孝之名闻于天下。他对母亲的孝行成了传颂千古的孝亲故事——"亲尝汤药"，且被收入《二十四孝》中。因为这个故事，汉文帝成了中国古代孝亲敬老的帝王典范。后人有诗颂曰："仁孝闻天下，巍巍冠百王。母后三载病，汤药必先尝。"

汉文帝在位23年，继续实行汉初的"与民休息"政策，以人为本，减轻田租，重德治，兴礼仪，注意发展农业，使西汉社会安定，人丁兴旺，经济得到恢复和发展。他与汉景帝的统治时期被誉为"文景之治"。(《史记·孝文本纪》)列举出文帝的一些做法：废除肉刑，废去了黥面、劓鼻、刖足等刑罚；常穿粗布的衣服，敦厚俭朴；治办霸陵，既不修高大的坟冢，也不许用金银铜锡来装饰随葬器，而都用瓦器，意在节俭，不扰民。文帝的孝德文治对后世产生了深远影响。

汉武帝刘彻，16岁登基，开创了以察举制选拔人才的先河。他采纳了董仲舒的建议，"罢黜百家，独尊儒术"，结束先秦以来"师异道，人异论，百家殊方"(董仲舒语)的局面。当时的中国传统文化有三大支柱：儒、佛、道，号称"三教"。此后，儒家思想成了正统思想。各级各类学校的必修课程是"五经"，又把《论语》《孝经》升格为经典。

董仲舒(公元前179年—前104年)，西汉广川(今河北景县广川镇)人，思想家、政治家、教育家。汉景帝时的博士、唯心主义哲学家和今文经学大师，擅长讲授《公羊春秋》。汉武帝元光元年下诏征求治国方略，董仲舒在著名的《举贤良对策》中系统地提出了"天人感应""大一统"学说。"董仲舒对儒家孝道进行了哲学论证：孝悌源于天，是'天生之'，为孝悌找到了天道的依据。虽然他提到的是天地人三才之本，但最根本的还是'天'，而孝悌则是人之为人的根本，所以明主贤君就要郊祀致敬，共事祖祢，举显孝悌，表异孝行,以奉天本。"①

董仲舒按照他的"贵阳而贱阴"的阳尊阴卑理论,又对先秦儒家的五伦观念作了进一步的发挥,提出了"五常"之道,即仁、义、礼、智、信,把它作为行为准则,用以调整和规范君臣、父子、兄弟、夫妇、朋友等人伦关系。在此基础上,董仲舒在其《春秋繁露》中提出了所谓的"王道三纲",即"君为臣纲,父为子纲,夫为妻纲"。意为君对臣,父对子,夫对妻有较绝对的支配权力,而臣对君,子对父,妻对夫则只有绝对服从的义务。这和孔子的思想是相悖的,也是孔孟儒学的一大变化。

"王道三纲"的提出有何重大意义呢?贺麟先生说:"儒家被崇奉为独尊的中国人的传统礼教,我揣想,应起源于'三纲'说正式成立的时候。三纲的明文,初见于汉人的《春秋繁露》及《白虎通义》等书,足见三纲说在西汉的时候才成立。而中国真正成为大一统的国家,也自西汉开始。西汉既然是有组织的伟大帝国,所以需要一个伟大的有组织的礼教,一个伟大的有组织的伦理系统以奠定基础,于是将五伦观念发挥为更严密更有力量的三纲说,及以三纲说为核心的礼教,这样,儒教便应运而生了。"②

西汉杰出的思想家、政治家贾谊在其《新书》中多次谈到忠,他对忠的解释是对孔学的进一步论叙,也是基于爱民的。这显然不如今文经学大师董仲舒的"王道三纲"受统治者的欢迎。"三纲""五常"成为汉代社会家庭伦理的核心,孝道亦真正由家庭伦理扩展为社会伦理、政治伦理,构成了当时的核心价值观。儒学从此奠定了独尊的地位,进入儒学统治时期。

汉武帝还创立了"举孝廉"的官吏选拔制度,把遵守、践行孝道与求爵取禄联系起来,这成为孝道社会化过程中最强劲的动力。"以孝治天下深深地影响了人们的行为,尊敬、赡养、安葬、祭祀父母蔚然成风,两汉成为孝子辈

①　韩星:"仁孝之辨的思想演变与逻辑结构",《船山学刊》,2015 年第 1 期。
②　贺麟:《文化与人生》,商务印书馆,1996 年,第 58 页。

出、孝行兴盛的时代。'孝'是子女对父母的一种善行和美德,是家庭中晚辈在处理与长辈的关系时应该具有的道德品质和必须遵守的行为规范。而'孝道'是儒家学派构建的、以血缘亲情为基础,以爱敬奉养双亲为主要内容,关涉家庭伦理和社会伦理的道德行为规范。孝道一词在汉代使用后,后世便以其为固定的词语来表述为子者应遵循的道德规范。"[1]尽管"孝"与"孝道"的概念在外延上有宽窄的不同,但一般人在使用它时往往不加区分。

有学者评论道:"汉代是中国帝制社会政治、经济、文化全面定型的时期,也是孝道发展历程中极为重要的一个阶段,它建立了以孝为核心的社会统治秩序,它把孝作为自己治国安民的主要精神基础。随着儒家思想体系独尊地位的确立,孝道对于维护君主权威、稳定社会等级秩序的价值更加凸显,以孝治天下的孝治思想也逐渐走向理论化、系统化。"[2]

董仲舒还解决了过去长期存在的忠孝伦理道德有时会相互矛盾的困境,他把孝与忠在理论上作了进一步整合与论证,他的阴阳五行说把"孝""忠"都论证为"土德"。"土者火之子也,五行莫贵于土,土之于四时无所命者,不与火分功名,木名春,火名夏,金名秋,水名冬,忠臣之义孝子之行取之土,土者五行最贵者也,其义不可以加矣。"[3]这就是说,"土"是五行中最为贵重者,而忠臣孝子均属于至贵之土德,那么"孝"与"忠"也就同源相道了。有学者评论道:"为了强调和倡导忠君,汉代经学提出了'家国同构'理论,也就是把君臣关系等同于父子关系。这种忠孝观念的整合实际是一种由孝劝忠的方法,即把孝亲作为忠君的手段,而把忠君作为孝亲的目的,所谓'求忠臣必于孝子之门'。"[4]此后,由孝劝忠成了明确的官方导向。在遇到忠孝道德

---

① 刘永祥:"近代中国孝文化研究述评",《科教文汇》上旬刊,2007年第12期。
② 张艳艳:"中国传统孝文化的历史变迁及当代价值",《中国学术研究》,2008年第9期。
③ 董仲舒《春秋繁露》之"五行对"。转引自孙晓青:"浅析古代的五时",《湖北职业技术学院学报》,2011年第1期。
④ 吴星杰:"先秦儒家的忠孝观及其现代启示",《第一届世界儒学大会学术论文集》,2008年9月。

困境时,选择为君尽忠已成为主流的道德选择。因此,汉代忠孝观的整合是中国古代忠孝观念演变的一个重要阶段。

东汉著名经古文学家马融因有感于先秦时期只出现了《孝经》,而独缺"忠经",因而补之,使忠孝的德行得以两全。《忠经》对忠的含义、标准、目的作了全方位的阐释,并分章对社会各阶层应履行的忠道一一进行了阐述。

《忠经·天地神明章第一》中说:"天下至德,莫大乎忠","忠也者,一其心之谓也。国之本,何莫由忠? 忠能固君臣,安社稷,感天地,动神明,而况于人乎? 夫忠兴于身,著于家,成于国,其行一焉。"马融把"忠"说成是天地间的至理至德,是评价人们行为的最高准则。

《忠经》阐述了忠道对个人、家庭、国家所具有的重大意义:忠道对家庭,能慎终追远,孝养父母,顺从兄长,培育后辈,长幼有序,善待邻里,家庭就会兴旺;对国家,能有坚韧不拔、百折不回的忠贞、忠义和忠诚精神,国家就会稳固。《忠经》提出了许多对后世忠德观念有深远影响的原则,例如"善莫大于忠,恶莫大于不忠"(《证应章》),"仁而不忠则私其恩,知而不忠则文其诈,勇而不忠则易其乱"(《辩忠章》)等。尤其是《忠谏章第十五》提出:"忠臣之事君也,莫先于谏。下能言之,上能听之,则王道光矣。……违而不谏,则非忠臣。夫谏始于顺辞,中于抗议,终于死节,以成君休,以宁社稷。"

在忠谏问题上,《忠经》倡导作为忠良之臣最首要的是能够做到直言相谏。臣子能直言进谏,君王能听取采纳,那么帝王之道就前途光明了。如果帝王有过失,臣子却不去谏净,那就不能算是忠良之臣了。假如君王不能接受,就据理力争;若还不被采纳,那就以死相谏! 这就预防了无原则的"愚忠"。忠谏可以避免君王胡作非为,使其改过迁善,希望其德行更完美。因此,忠臣的职守是要替大众维护正理,不仅是对君王的忠,更重要的是对天下众生的忠,这才是大公无私的忠。《忠经》不仅反映了两汉时期忠德的主要内容,而且标志着春秋时期所产生的忠德观念已发展成为较系统的、完整的忠德学说。

总之，汉代新儒学增加了"天人感应""君权神授"和"三纲五常"的理论，强调神化王权和等级名分，符合封建专制主义中央集权政治的需要。同时，汉代新儒学又增加了"春秋大一统"的思想，并融合了阴阳五行家、道家及法家的一些思想，这些都是先秦儒学所不曾拥有的。而先秦儒学宣扬的"礼""仁""仁政""民本"也为汉代新儒学所继承，适应了汉武帝统治时期的政治需要。汉代新儒学正是在对先秦儒学继承和发展的基础上，使儒学从先秦的民间学说发展成为汉武帝以后的官方学说。

汉代儒学的特点是：融摄百家，综合吸取诸子各家之长来充实儒学，使儒学更加丰富；由于独儒术于一尊，孔子的地位愈来愈高；神化孔子和经书，使孔子由圣人变为神人，经学变为神学。

二、魏晋至隋唐时期儒学沉浮变化，而忠孝思想依然发展

到东汉末年各路诸侯纷争，天下陷入乱世。天下三分，魏、蜀、吴三国鼎立并且互相牵制，而三国之人虽然分属三国，但却都有一统天下之志。胸怀天下才能是英雄人物，而三国就是这种英雄辈出的时代。

曹操平定北方后，挟持了汉献帝，以汉丞相而号令天下。216年，受封为魏王。曹操面对汉末天下大乱的局面，倡导法治，"以刑为先"，强力整治和抑制地方豪强。他注重赏罚，运用军法组织农业生产。他唯才是举，选用清正廉明之士，体现了他延续汉以来主流政治思想传统的一面。

蜀汉丞相诸葛亮，字孔明，徐州琅琊阳都（今山东临沂市沂南县）人。在世时被封为"武乡侯"，死后追谥"忠武侯"。诸葛亮以"兴复汉室"为己任，襄助刘备成就霸业、实现统一的政治目标。诸葛亮以儒家礼制德化作为治国之本。倡导"君臣之道"，规范君臣关系。为政以德，以民为本。又吸纳先秦法家的赏罚思想，尤其强调奖惩务须公平，德刑并用。他尚贤任贤，不拘一格，"尽时人之器用"。其《出师表》《诫子书》对后世产生深远影响。

诸葛亮一生鞠躬尽瘁、死而后已，是中国传统文化中忠臣与智者的代表

人物,受到后世敬仰和高度评价。南宋戴少望在《将鉴论断》中评价道:"有仁人君子之心者,未必有英雄豪杰之才;有英雄豪杰之才者,未必有忠臣义士之节;三者,世人之所难全也。全之者,其惟诸葛亮乎!"历代帝王都对诸葛亮加封不止,乾隆帝评价说:诸葛孔明为三代以下第一流人物,约其生平,亦曰公忠二字而已。公故无我,忠故无私,无我无私,然后志气清明而经纶中理。

诸葛孔明的忠义反映出三国时期依然延续着先秦两汉的忠孝道德。以颂歌"忠孝仁义"为核心的《三国演义》使关羽的义、诸葛亮的忠在民间广泛流传。而曹操崛起于北方,其所遵循的思想和采取的政治措施皆为名法之治而且重道德名节,从而影响了整个时代。

魏蜀吴三国相互争斗了几十年,最后三家归晋。265 年武帝司马炎建立西晋,成为中国历史上大一统王朝之一。司马氏集团是通过阴谋和屠杀建立政权的,但他为了收笼东吴民心,仍然提出"以孝治天下"。李密是蜀汉旧臣——亡国之臣。他早有孝名,统治者要把他树立成一面旗帜,催逼他出仕。"诏书切峻,责臣逋慢。郡县逼迫,催臣上道。州司临门,急于星火。"(西晋·李密《陈情表》)李密若再出仕就意味着对前朝的不忠,如果不听从现任君主的诏令,不出来做官,就是对当朝的不忠,李密在忠君问题上陷入了进退维谷的境地。最后,李密决定辞不就职,遂给晋武帝写了个奏章《陈情表》,以晋朝"以孝治天下"为口实,把自己的行为纳入晋武帝的价值观念中,用孝来回避忠与不忠的问题。他写道:"臣无祖母,无以至今日;祖母无臣,无以终余年。""是臣尽节于陛下之日长,报养刘之日短也,乌鸟私情,愿乞终养。"李密的《陈情表》动之以情,晓之以理,先尽孝,后尽忠。他的孝德感动了朝廷上下,也实现了自己的愿望,同时亦使得忠孝文化发展到一个新境界。

魏晋之际,道法的结合逐渐趋于破裂,以道家思想为骨架的玄学思潮开始扬弃魏晋早期的名法思想,转而批评儒法之士。这样,魏初在道法结合的基础上形成和发展起来的玄学进一步得到强化。玄学是由老庄哲学发展而来的,《老子》《庄子》《周易》合称"三玄"。到西晋后期,玄学思潮迅速发展起来,引起儒家学者的不满,从而掀起对道家和玄学的批判。

由于五胡(匈奴、鲜卑、羯、氐、羌)内迁,起兵反晋。公元 316 年西晋灭亡,司马睿建立东晋。此时北方地区重新陷入割据混战状态,北方人口大量南迁,东晋取得暂时稳定,使江南经济得以迅速发展。东晋的袁宏、孙盛二人同朝为官,继承并高扬东汉《东观汉记》提出的"忠臣、孝子、义夫、节士"思想。孙盛具体解析了"忠孝义节"四字的寓意,并首次将四字连用。他提出"忠孝义节"为"百行之冠冕"。这说明在东晋时期,士人阶层对忠孝节义还是比较认同和向往的。然而,边疆民族带来的草原文化与中原文化及江南文化逐渐展开交流和融合。哲学、文学、艺术、史学及科技纷纷出现革新,有些成为独立的学问。由此,儒教独尊的地位被打破,"三纲"受到严峻的挑战和冲击。士大夫盛行的清谈及佛教盛炽,使儒学统治地位受到严重挑战。

尽管如此,在两晋十五帝 155 年的执政中,统治者依然贯彻"以孝治天下",也采取了一系列的措施。太始四年六月丙申,晋武帝有诏:"士庶有好学笃道,孝弟忠信,清白异行者,举而进之,有不孝敬于父母,不长悌于族党,悖礼弃常,不率法令者,纠而罪之"(《晋书·武帝纪》)。皇帝还亲自讲《孝经》,《穆帝纪》载:"永和十二年二月辛丑,帝讲《孝经》……升平元年三月,帝讲《孝经》。"《车胤传》载:"孝武帝尝讲《孝经》,仆射谢安侍坐,尚书陆纳侍讲,侍中卞眈执读,黄门侍郎谢石、吏部郎袁宏执经,胤与丹杨尹王混摘句,时论荣之。"因此,大多数的时人依然延续汉代以来建立起来的忠孝观念。

这里举一例证。咸和二年(327 年)苏峻叛乱,"成帝大惊,急诏卞壶督诸军出战,壶忙集请将出西陵,与峻交战,壶大败。峻兵攻青溪栅,壶又拒击之。……与峻交锋,不上十合,背上疮发身死。其二子卞眕、卞盱,闻父战死,遂领部从赴战,亦死。其母抚三尸而哭之曰:'父为忠臣,子为孝子,夫何恨哉?'时征士翟阳闻之,叹曰:'父死于君,子死于父,忠孝之道,萃于一门!'"卞壸临危受命,怀报国之志,率二子及兵勇奋力抵抗,以身殉国,彰显了忠孝大义。

儒家关注现世社会,不讲天命、鬼神,这样就给宗教的发展留下了空间。佛教讲的是彼岸世界、来生转世;道教讲的是长生久视、神仙不老。东晋时期,佛教的流行,特别是"般若学"的发展,在很大程度上是借助于道家、玄学的思想、语言及方法,故出现玄佛合流的趋向。因此,这一时期的儒家学者,除继续批判道家、玄学外,又以儒家的入世主义和人文传统批评佛教。他们站在维护儒家名教的立场上,分别从经济、政治、思想、文化、伦理等方面清算佛教的影响,力图恢复儒学的正统地位,但都缺乏足够的理论系统和创造性,儒学独尊的地位难以恢复。加之,魏晋时期嵇康提出的最富有代表性的口号"任自然",就是让人的本性得到自由伸展,而将伦理纲常放在一个从属的位置上,更使儒学受到前所未有的冷落。

从公元420年南北朝开始,忠孝观念又发生了一些变化。北魏孝文帝改革,实行汉化政策:学汉语,穿汉服,用汉姓,与汉族联姻,采用汉族的官制、律令,学习汉族的礼法,尊崇孔子,以孝治国,提倡尊老、养老的风气。形成了民族大融合局面。但是士人的忠孝思想逐步发生了变化,从忠孝并重发展到孝先于忠。这主要是出于士族门法维护政治统治的需要。由于朝政更迭频繁,家族势力膨胀,士人难以事一君而终,出于在动荡的政治风云中生存的考量,世家豪族抛弃了"忠臣无二心"的观念规范,将孝亲作为维护自身利益的必要义务。再加上统治者变得奢侈腐化,放纵淫欲,以至于遍地是旷夫怨女,惟色是崇,于是造成整个国家风气堕落,纲纪败坏,世人对"忠君"产生了怀疑和不满。

由于魏晋南北朝时期长期处于分裂割据、战乱纷争中,汉代确立的"三纲"遭到严重挑战。政权更迭频繁,"忠"首当其冲受到冲击。魏晋南北朝的统治者基本上是以"不忠"的方式篡夺政权,因此不便于大张其鼓地宣扬

"忠",但他们视"忠"与"孝"为一体,宣扬"孝"也是想让臣民对自己"忠"。正像有学者所说:"魏晋时期士人体现出一种特殊的价值观体系,'先父后君'的现象屡见不鲜,魏晋士人们因为政权性质、存亡之道等原因,在'忠孝关系'上出现了变化,此种变化并非忠孝的完全倒错,却也在一定程度上颠覆了两汉以来'忠孝一体'的价值体系。"①

清代文学家、史学家赵翼曾云:"六朝忠臣无殉节者"(《陔余丛考》卷十七)。康有为亦有言"六朝无忠臣"(《康有为全集》第 2 册《万木草堂讲义》)。在民间,"受胡风胡俗的浸染,加之玄学的越名教而任自然,女性的贞节观也受到前所未有的挑战。妇女'不本淑懿,故风教陵迟而大纲毁泯'(陈寿:《三国志·魏书·后妃传》)。这一时期的三纲唯有孝道还得以弘扬"②。

综上所述,魏晋南北朝是中国历史上政权更迭最频繁的时期。其政治体制基本因袭汉制,并有所损益。由于长期的封建割据和连绵不断的战争,使这一时期儒学的发展受到特别的影响,成为儒学的低谷时期。其突出的表现则是玄学的兴起、佛教的输入、道教的勃兴及波斯、希腊文化的羼入,思想文化领域呈现出多元化的特点。在从魏至隋的 360 年间,以及在 30 余个大小王朝交替兴灭过程中,上述诸多新的文化因素互相影响、交相渗透,使这一时期儒学独尊的地位被打破,演变成为儒道佛三家并立的局面。但是孝作为民族文化的基本传统,有其深厚的民间社会基础,这段历史时期孝道仍受到社会、官方与民间的推崇,佛道二教并没有取代儒家思想的统治地位。

此时期虽然出现儒佛之争,但由于儒学与政权结合,佛道二教不得不向儒家的宗法伦理趋同,倡导玄学者实际上却在玄谈中不断加入儒家精神,因

---

① 王昊哲:"浅论魏晋忠孝关系",《魅力中国》,2019 年第 9 期。

② 朱大渭:"魏晋南北朝文化的基本特征",《中国史研究动态》,1994 年第 9 期。

此逐渐形成以儒学为核心的三教合流的趋势。因此,魏晋南北朝时期的文化,上承秦汉、下启隋唐,是一个承上启下的重要转折时期。文化走向多元发展,是一个文化开创、冲突又融合的时代。

公元581年,北周大臣杨坚受禅称帝,国号大隋,结束了近三百年的南北朝对峙局面,全国再度统一。开国之君隋文帝杨坚倡导节俭,躬行俭朴,宫中的妃妾不作美饰,一般士人多用布帛,饰带只用铜铁骨角,不用金玉。隋文帝废除了一些不必要的苛捐杂税,并设置谷仓储存食粮,使人民负担得以减轻。这说明他受了先儒崇尚俭朴和以民为本思想的影响。

隋文帝任用官员不限门第,唯才是举。废除了九品中正制,开始采用分科考试的方式选拔官员,这一创举促进了教育、文学的发展。为了全国教化,恢复华夏文化的正统,隋文帝下诏制订礼乐以提升国家的文化素质。更重要的是隋文帝在开皇九年四月颁布了《劝学求言诏》,明确指出对旧陈之地实施"太平之法"。其中一条就是"无长幼悉使诵五教"。"五教"即父义、母慈、兄友、弟恭、子孝。这是他对儒学的具体传承。

隋炀帝大业三年曾诏令文武官员广荐贤才,并设立了"孝悌有闻""德行敦厚""结义可称""操履清洁"等10科。科举考试的内容更是以"四书五经"为主,以孔孟之道为归。这就进一步丰富完善了科举考试制度。

到了唐代,统治者更是继承了汉代孝道的基本精神,继续普及《孝经》,旌表孝行,奉行以孝治天下国策。唐玄宗曾亲自为《孝经》作注,《孝经》也是《十三经注疏》中唯一一部由皇帝注释的儒家经典。人才选拔采用"举孝廉"作为察举的主要内容之一,专门设立孝廉科。"这就使得士人读儒家经典,存圣贤情怀,格致正诚,修齐治平,事亲则孝,事君则忠,交友则信,居乡则悌,穷不失义,达不离道;不论身处何境都应有风骨、有信义、有气节,有始终。所以文能提笔安天下,武能上马定乾坤。"①

---

① 张凤篪:"中国古代何以正官德",《光明日报》,2016年11月15日。

唐朝统治者为了更好地施行"孝治天下"，将孝进一步政治化。其突出表现在两个方面：一是想从理论上理清"孝"与"忠"的关系，解决"移孝于忠"的理论难题和"忠孝不能两全"的实践困难；二是将孝道法律化。在"忠谏"问题上，唐太宗李世民以谏为忠，他说"主欲知过，必藉忠臣"。唐太宗的宰相杜正伦认为忠是"临危不改其心，处厄不怀其恨，当阵不顾其躯，躬使不论私计"。①

唐代武则天是中国历史上唯一的正统女皇帝。她非常重视忠孝观念，将其作为治国理政的核心思想大力倡导。当时有位叫元让的官员，以孝著称，诏拜太子司议郎。武则天谓曰："卿既能孝于家，必能忠于国。今授此职，须知朕意，宜以孝道辅弼我儿。"（《旧唐书·孝友传》）公元 675 年 3 月，武则天引文学之士著作郎元万顷、左史刘祎之等人修撰《臣轨》一书，宣扬忠孝观念。武氏在《臣轨·序》中言："然则君亲既立，忠孝形焉。奉国奉家，率由之道宁二；事君事父，资敬之途斯一。臣主之义，其至矣乎。"她把忠孝观念视为治家理国的根本之道，认为事父孝则能事君忠，二者是完全统一的。

《臣轨》卷上至忠章说："盖闻古之忠臣事其君也，尽心焉，尽力焉。夫事君者，以忠正为基，忠正者以慈惠为本，故为臣不能慈惠于百姓，而曰忠正于其君者，斯非至忠也。夫纯孝者，则能以大义修身，知立行之本。欲尊其亲，必先尊于君；欲安其家，必先安于国。故古之忠臣，先其君而后其亲，先其国而后其家。何则？君者，亲之本也，亲非君而不存；国者，家之基也。家非国而不立。"

照此看来，忠是一种臣僚对君主、国家的态度和行为，身为忠臣起码要做到恪尽职守，奉公无私。尽管"善事父母"是孝的基本要求，要成为完全彻底的孝却还要报效国家，尽忠君主。武则天将君置于亲之前，强调君比亲重

---

① 朱海："唐代忠孝问题探讨——以官僚士大夫阶层为中心"，《武汉大学学报》，2000 年第 3 期。

要,使孝亲从属和服务于忠君爱国,以此达到维护其皇权统治的目的。

唐代对于官僚士大夫阶层在孝的方面有着完备的伦理要求、制度约束和行为规范,这一阶层在孝的实践上大多能做到善事父母,同时也重视为国建功立业,官员们力图做到忠孝两全。但忠与孝并不总是和谐,在许多情况下都不能兼得,甚至发生尖锐冲突。"善事父母"与"尽忠奉国"一旦不可兼得,将何以自处呢?官高位尊之人,如果必须侍亲的话,那么就有带官侍亲、移官就养、请任闲官或者辞职侍亲等几种选择方法。例如在"丁忧"这样的大事上,多数官员还是能做到为父母守满丧期的,而且也受到褒扬,起复之例并不罕见。

史载,唐代宗时,吏部尚书韦陟死后,太常博士程皓建议给予"忠孝"谥号,但刑部尚书颜真卿认为不妥,说:"出处事殊,忠孝不并。已为孝子,不得为忠臣;已为忠臣,不得为孝子。故求忠于孝,岂先亲而后君;移孝于忠,则出身而事主。"程皓反驳说:"立君臣,定上下,不可以废忠;事父母,承祭祀,不可亏至于忠孝不并,有为而言,将由亲在于家,君危于国,奉亲则孰当问主,赴君则无能养亲,恩义相迫,事或难兼。故徐庶指心,翻然辞蜀;陵母刎颈,卒令归汉。各求所志,盖取诸随。至若奉慈亲,当圣代,出事主,入事亲,忠孝两全,谁曰不可。岂以不仕为孝,舍亲为忠哉!有司不能驳。"

从这里我们可以看出,颜真卿直接指向了问题的要害,所谓"忠孝不并",程皓则主张人应力图做到忠孝两全。理想的情况是"当圣代,出事主,入事亲"。但当孝亲、事君难兼之时如何去做,程皓也提不出一个确定的能为大家接受的办法,故只能说"务求所志,盖取诸随"。

父母如果犯了普通罪行,子女可以知情不报,法律并不追究,或可算做子女尽孝的一种特殊行为。但是谋反、谋大逆、谋叛三类直接危及君主及国家的事情却必须要举报,在这类问题上只能尽忠。唐朝法律明确规定:"诸同居,若大功以上亲有罪相为隐,皆勿论,若犯谋叛以上者,不用此律"(《唐律疏议·名例》)。

朝廷对于尊父命而违君命之事也是比较宽容的。史载，"韦温，文宗朝欲以为翰林学士。韦以先父遗命恳辞。上后谓次对官曰：'韦温，朕每欲用之，皆辞诉，又安用韦温？'声色俱厉。户部侍郎崔蠡进曰：'韦温禀其父遗命耳。'上曰：'温父不令其子在翰林，是乱命也，岂谓之理乎？'崔曰：'凡人子能遵理命，已是至孝，况能禀乱命而不改者。此则尤可嘉之，陛下不可怪也。'上曰：'然。'乃止"①。

但是移孝作忠的实例也不是没有。据欧阳修、宋祁编著的《新唐书·列传·卷四十五之五王，桓彦范传》一书记载，长安四年（704 年）十二月，武则天病重，避居迎仙宫。张易之与张昌宗侍奉左右，把持宫门，不许大臣探视。二位宰相桓彦范、张柬之联合中台右丞敬晖等人决定趁机发动兵变，逼迫武则天退位，复辟唐朝。此举生死未卜，行动前桓彦范征求母亲的意见，母亲说，忠孝不并立，义先国家可也。

再有，唐王朝自安史之乱后，形成了藩镇割据的局面，致使唐德宗被迫外流。后来，唐德宗之所以能回銮长安，全赖著名的爱国将领李晟。据宋朝学者李昉的《太平御览·兵部·卷十二·抚士下》记载，"李晟以神策军讨朱泚，时神策军家族多陷於泚，晟家妻近百口亦同陷泚，左右或有言者。晟曰：乘舆何在？而敢言乎？泚又间日使人至晟军，则晟小吏王无忌之婿也，因无忌以谒晟，且曰：公家无恙，城中有书问。以此诱晟。晟怒曰：尔敢为贼传命耶！立斩之。危难之时，李晟舍小家顾国家，将忠置于孝前，立下平叛首功"。

唐代释老盛行，儒家思想还没有取得绝对权威地位，加之胡俗遗风尚存，唐末藩镇割据，"三纲不正，无父子君臣夫妇"（《河南程氏遗书》卷十八）。至于五代十国，更是"干戈贼乱之世也，礼乐崩坏，三纲五常之道绝"

---

① 宋·李昉：《太平御览人事部五十五·孝下》，转引自杨振华："论唐代孝的进一步政治化"，《黔西南民族师范高等专科学校学报》，2005 年第 4 期。

（《新五代史·晋家人传》）。

纵观魏晋至隋唐五代七百余年，忠孝观念虽然时而淡薄，时而强化，但各朝统治者都坚持汉代孝道的基本精神，也都标榜"以孝治天下"。"从秦汉至五代，士大夫对君臣关系和忠节的认识基本上仍持原始儒家的观点——'臣择君而事之，有道顺命，无道衡命。'而不是宋儒的忠节观——'死事一主。'"①

第三节　宋元明清时期：孝文化的极端化发展

一、两宋时期儒学的复兴

宋朝政治体制大体沿袭唐朝的政治制度，是中国古代历史上经济与文化教育最繁荣的时代。宋代自赵匡胤"陈桥兵变"到赵昺亡于元，前后 320 年，是秦汉统一后历代王朝中维持时间最长的一个朝代。它在外受强大的异族侵逼威胁、内部阶级对抗日趋严重的情况下，空前加强了君主专制制度。君主被视作国家的绝对权威、民族的至高象征。

在这种背景下，"有激于佛老二教的昌炽，中唐发其端，以疑经思潮为起点，北宋中期发生了一场称作'儒学复兴'的思想运动，这是中国思想文化史上的大事件。其复兴的内容，一是要用对儒家经典作新的解释，即所谓用'义理之学'取代传统的章句注疏之学；二是要用儒家之道取代佛老等'异端'；三是要复兴儒家经世致用的'有为'的传统以取代无用于世的旧学。三位一体，构成了宋代儒学复兴运动的核心内容"②。

在儒学复兴运动中，诞生的"义理之学"简称"理学""新儒学"，亦称"道

① 魏良："忠节的历史考察：秦汉至五代时期"，《南京大学学报》，1995 年第 2 期。

② 刘复生："北宋儒学复兴要'复兴'什么"，《河北大学学报》（哲学社会科学版），2019 年第 5 期。

学"。其开创者为北宋五子，即邵雍、周敦颐、张载、程颢、程颐。其中，周敦颐为宋代理学的开山祖，他将道家无为思想和儒家中庸思想加以融合，阐述了理学的基本概念与思想体系。"二程"（程颢、程颐）是理学的重要代表，标志着宋代理学思想体系的正式形成。

"二程"的理学思想以"理"为万事万物的本源，又称其为"天理"，是哲学的最高范畴。"二程"认为理无所不在，不生不灭，不仅是世界的本源，也是社会生活的最高准则，体现在社会上是儒家道德伦理，体现在人身上就是人性。"二程"主张"存天理，灭人欲。"

南宋学者朱熹与陆九渊是理学的发展者。朱熹承续了"二程"的思想，认为"理"是存在的基础，物质性的气是第二性的，"理在先，气在后，虽未有物而已有物之理"，"未有这事，先有这理"，"有是理，方有这物事"，万事万物乃是这先验、永恒之理的显现。一切人际关系和社会秩序都是按这种先验之理建立起来的。这成了理学理论的基点。朱熹完善和发展了客观唯心主义的理学体系，把"天理"和"人欲"对立起来，认为人欲是一切罪恶的根源，因此他也赞成"存天理，灭人欲"，这实质上是为封建等级制度辩护。

理学兴起后，"三纲"的神圣性获得精致的理论论证，被进一步神圣化，君、父、夫三权进一步强化。理学家们又通过自然现象来证明："草木之外，鸟兽虫豸，彼虽微物，亦有天理；蜂蚁君臣，虎狼父子；慈乌反哺，羔羊跪乳；睢鸠有别，鸿雁有序；豺獭报本，犬马恋主；骐不履草，恶伤乎物；狐必首丘，不忘所出。"（《名物蒙求》）这样的证明颇有说服力，以至于借此发挥，在社会上产生了广泛影响。

例如，"物怎么不晓得五常？那羔跪乳、乌反哺岂不是仁？獬触邪、莺求友岂不是义？獭知祭、雁成行岂不是礼？狐听冰、鹊营巢岂不是智？犬守夜、鸡司晨岂不是信？怎的说得物不晓得五常！"（文康：《儿女英雄传》第十八章"假西宾高谈纪府案 真孝女快慰两亲灵"）于是，以三纲为核心的一套道德准则不仅是人类社会的最高准则，也是自然界的最高准则。它不仅是人类社会的"古今共由"之道,也是自然界的当然之则。三纲成为天生自然,不待安排的"天理",就更加神圣、永恒了,其统摄、控制力就更加强大了。

"理学"盛行之后,忠君思想发生了大的转向。此前,孝与忠的地位基本上是平等,这一点可以从宋代官员的"迎侍"上看出来。宋代官方鼓励官员养亲尽孝,可以"迎侍",即接父母在身边一起居住,便于奉养。若现任、新任官职不利于迎侍,官员可申请近地差遣、留任、对移,以应对迎侍中的难题,甚至不惜以降低官资的方式奉养双亲。还可以申请分司官、宫观官等闲职来养亲,亦有部分官员还会采用致仕、辞官的方式养亲。这些养亲方式显示了在忠孝选择问题上的灵活性,与唐代的做法差不多。但是到了北宋晚期,忠君爱国成了当时做人的最高标准,将"忠君"与"爱国"并提就是由宋代才开始形成的。

宋代完成了儒学的复兴。"理学"形成了一整套囊括天人的严密的学术体系,也是融合佛、儒、道三教于一体的思想体系,传统经学进入了"宋学"新阶段。其中,宋儒与传统儒学的一个显著的不同之处是突出地强调"忠孝节义",将其提升到了"天理"的高度,使传统儒学得到改造。

那么此时的佛学该如何自处呢?佛学与儒学同气相应,吸收、借鉴和依附儒学的基本观念,尤其吸取忠孝仁义作为自己新的教义和善恶标准。禅宗领袖大慧宗杲用"忠义心"说来解释作为成佛基石的"菩提心"。他说:"菩提心则忠义心也,名异而体同。但此心与义相遇,则世出世间,一网打就,无少无剩矣。予虽学佛者,然爱君忧国之心,与忠义士大夫等。"①宋代佛教引进"天下国家"和"忠君忧时"的理念,开辟了古代佛教爱国主义和民族主义一途,在中国佛教发展史上是有里程碑意义的事件。

北宋著名高僧契嵩的名著《辅教编》设有《孝论》十二章,专拟儒《孝经》

---

① 代玉民:"大慧宗杲视域中的儒学本源、工夫与伦理",《福建论坛》(人文社会科学版),2016年第4期。

发明佛意，"他认为佛教决不可离开'天下国家'大事和君臣父子等伦理规范，而为一人之私服务，佛教认同儒家所讲的人伦规范。他说'佛之道岂一人之私为乎？抑亦有意于天下国家矣！何尝不存其君臣父子邪？岂妨人所生养之道邪？'"，契嵩这种调和儒释的做法有主动向儒学靠拢之意，亦有通过对某些儒学概念的重新释读来宣扬佛学本位思想的用心。

再看道家的作为。道教修行往往崇尚归隐，全真派也有出家一说，但归隐或者出家之后，忠孝诚信仍是第一要务，忠孝是成仙得道的必要条件。道教从建立教团伊始，就非常重视把儒家道德准则吸纳到教戒中，例如张道陵天师向奉道者所谕教戒，最基本的一条就是诚信不欺诈。《太平经》中也说：天下之事，孝忠诚信为大。宋代的道教吸收儒学的敬、孝、忠、仁、义、信、贞等作为基本教义，并规定履行持守儒家伦理道德才可成为真正的道教徒。"事师不可不敬，事亲不可不孝，事君不可不忠，仁义不可不行，施惠不可不作。""能如要言：臣忠、子孝、夫信、妇贞、兄敬、弟顺、内无二心，便可为善，得种民矣。"葛洪在他的《抱朴子内篇》中说："欲求仙者，要当以忠孝和顺仁信为本。"《虚皇天尊初真十戒文》则强调："仙经万卷，忠孝为先。"由此可知，忠孝、诚信等社会道德基本准则在道教中受到高度重视。

宋朝和辽、金、西夏及大理对峙，忠君思想也深刻影响了边地少数民族。由于佛教的忠孝观不断与儒家传统的主流思想相结合，极大地推动了佛教的世俗化发展。世俗化了的佛事活动又反过来对传播忠孝观起到了很大的推动作用，使忠孝观念推广到更边远的省份和少数民族地区，中原文化对边地影响更深入。尽管民族不同，但是大家共同接受了忠孝思想。

辽金政权深受汉民族伦理道德影响。"契丹、女真早期本无忠孝观念。辽金建立后，随着社会的发展、儒学的传播、统治者的倡导和民族的融合等，忠孝观念逐渐形成和发展起来。忠孝在辽金及后来元人那里，超越了民族、地区和国别的畛域，人们对外族、邻国、敌国乃至前朝的忠臣孝子同样表现出尊重和崇敬。10—13世纪，忠孝已成为汉、契丹、女真、蒙古等各民族一致认同的伦理道德观念和行为规范,从而体现了中国传统文化的历史继承性和强大凝聚力。"①

就连皇帝出自少数民族血统的辽、金、元,也都完全继承了儒家的文化传统,以忠孝为治国纲领,忠孝观念几乎成为他们的道德规范。著名的"忠孝军"就直接印证了这一点。

"忠孝军"是金代兵种之一。金宣宗时由河朔诸路回纥及蛮、羌人、吐谷浑和被蒙古俘掠逃归的汉人组成。据《金史·兵志》记载:"复取河朔诸路归正人,不问鞍马有无、译语能否,悉送密院,增月给三倍它军,授以官马,得千余人,岁时犒赏,名曰忠孝军。"初有千余人,至正大八年(1231 年)有 1.8 万人。忠孝军中比例最大的民族是汉族,由于蒙古在占领区的倒行逆施,大量民众南逃归金。

金朝哀宗即位后决心全力抗蒙,他派人到南境"榜谕宋界军民更不南伐",在正大元年开始与西夏讲和。如此,金与宋朝、西夏结束战争状态,集中兵力对付蒙古。哀宗为倡导"忠孝",下诏为抗击蒙古牺牲的将领立"褒忠庙"。正大二年,哀宗下诏褒奖战死节士,为 13 人建立了褒忠庙,激励抗蒙将士。

金朝晚期,忠孝军成了抵抗蒙古军的一支重要的武装力量。历任首领有石抹燕山奴、蒲察定住和完颜陈和尚等人。这支军队对蒙古军的杀掠有着十分强的仇恨,虽然组成成分复杂,但他们所过州邑,秋毫无犯,街曲间不复喧杂,军纪非常严明,深得民心。他们勇于作战,充当先锋,疾如风雨。"三峰山之战"是金朝具有决定性的一次战役,空前惨烈。忠孝军将士拼尽全力,英勇壮烈,金人死者三十余万。元初重臣郝经赋诗三峰山之战云:"天欲亡人不可为,六合横倾数丈雪。人自为战身伴疆,空拳无皮冻枪折。力竭慷慨赴敌死,死恨不能存社稷。"(《陵川集·金源十节士歌合达平章》)

---

① 宋德金:"辽金人的忠孝观",《史学集刊》,2004 年第 4 期。

在这次战役之后,完颜陈和尚率领残兵进入钧州。钧州城破,敌兵入。完颜陈和尚出来"自言曰:'我金国大将,欲见白事'。兵士以数骑夹之,诣行帐前,问其姓名,曰'我忠孝军总领陈和尚也。大昌原之胜者我也,卫州之胜亦我也,倒回谷之胜亦我也。我死乱军中,人将谓我负国家,今日明白死,天下必有知我者!'"蒙古军想要让他投降,"斫足胫折不为屈,豁口吻至耳,噀血而呼,至死不绝。大将义之,酹以马湩,祝曰:'好男子,他日再生,当令我得之',时年四十一。"完颜陈和尚殉国后,忠孝军残余仍然抗击蒙古军队,直到金朝灭亡,大多数将士慷慨殉国。

像完颜陈和尚这些忠臣、气节之士,其杀身成仁、舍生取义的精神,虽千秋之下犹令人震撼!南宋诗人陆游的临终遗言是一首广为人知的七言绝句《示儿》,表明他在弥留之际仍热切地盼望着祖国的重新统一,其爱国之心是何等的执着、深沉与真挚!

南宋灭亡时,能够做到在危难之际不贰其志,甚至可以抛头颅、洒热血者不计其数。当蒙军围攻潭州(长沙)时,潭州制置使兼湖南安抚使的李芾与军民拼死抵抗,"亲冒矢石以督之",苦战三个多月,李芾和他的下属沈忠、杨震和颜应焱战斗到最后,全部阵亡。岳麓书院数以百计的儒者宁死不屈,没有一人苟活;潭州城里的百姓也以自杀殉国。南宋诗人郑思肖在他的《咏制置李公芾》里云:"举家自杀尽忠臣,仰面青天哭断云。听得北人歌里唱,潭州城是铁州城。"

在合州城内,制置使张珏及部属将士全部战死,没有一人苟且而投降;在静江,守城将士面对蒙古人的威逼诱惑,视死如归,全部战死或自杀殉国……此等景象比比皆是。南宋国都临安城被攻破,文天祥、张世杰、陆秀夫等转战海上继续抵抗。

元朝由蒙古族建立,忽必烈称帝,这是中国历史上首次由少数民族建立的大一统王朝。忽必烈公布的国号"大元"取自《易经》中的"大哉乾元"之意。忽必烈以汉人、汉法治理汉地。他定法度、宽税赋、重农桑、立省部……

很快建立了一套全新的政治体制。"蒙古人虽能'马上得天下',但不能以'马上治天下'。忽必烈广收人才以治其地,还派赵璧去聘请王鹗来到藩邸,'进讲孝、经、书、易及齐家治国之道,每夜分,乃罢。'"①但是元朝不"独尊儒术",因为它是一个多元、多极、多文明、多文化、多族群的实体,儒家文化无法承担整个元帝国的运行。元朝长期没有开科取士,政治体制参照西亚阿拉伯国家,建立行省。在思想上,元朝崇尚喇嘛教和密宗,佛教地位得以抬升,成为治国思想;在文化上,兼容并蓄,多宗并重,基督教、犹太教、摩尼教、佛教、伊斯兰教涌入中国,极大地冲击了儒家的地位,儒学长期独大的局面遭到极大削弱。终元一代,儒家始终处于边缘化位置,然而,这并不怎么影响汉民族,民间仍然承袭着宋代儒家传统道德支配下的生活。

总之,宋元集权制,以及宋元时期的哲学运动以更典型的形式表现了中国中世纪哲学思维的特点及其逻辑发展,中国结束了晚唐以来近百年的分裂割据局面,确立了以官僚地主阶级为支柱的专制主义中央政权。从以前儒教、佛教、道教相互攻伐到相互吸取,由三教鼎立到三教合流,从而产生了宋元时期十分精致的官方哲学:以儒家纲常伦理为核心内容,以精巧的哲学学说为理论基础,吸取佛老思想营养而建立起了理学唯心主义。

孔子在宋元时期也被塑造得更加完美与高大,无论是皇家朝廷,还是学林名流,对孔子都极力颂扬,对孔子的学说也极力阐发光大。

二、明清时期,忠孝走向极端化、愚昧化

明代开国皇帝朱元璋 1368 年登基,年号洪武。洪武元年二月,朱元璋于都城应天(今南京)国子监以太牢之礼祭祀孔子。三月,下诏给孔子 55 代孙"衍圣公"孔克坚,前来应天朝拜。孔克坚认为自己是至圣之后,对造反称帝

---

① 张锡勤:"论宋元明清时代的愚忠、愚孝、愚贞、愚节",《中国伦理思想研究》,2017 年第 12 期。

的朱元璋没放到眼里，假托有病，派儿子孔希学去应天朝见。朱元璋怒，再诏孔克坚觐见。孔克坚大惊，日夜兼程赶往应天。十一月十四日，朱元璋在谨身殿内，当着文武百官的面接见了孔克坚。朱元璋和风细雨地与孔克坚展开了对话，颇为尊重。孔克坚颇为感动，倒身下拜谢恩。朱元璋一次赐给孔府30多万亩祀田，并给孔克坚封官进爵，将"衍圣公"擢升为一品文官，还下诏扩大了孔庙、孔府、孔林的规模，提高了等级。

为报答皇恩，孔克坚回家后，将他与皇上对话的内容雕刻在石碑上，立在孔府二门内。这是一通罕见的白话碑，楷书。文曰：

洪武元年十一月十四日，臣孔克坚，谨身殿内对百官面奉圣旨。

上曰：老秀才近前来，你多少年纪也？

对曰：臣五十三岁也。

上曰：我看你是有福快活的人，不委付你勾当。你常常写书与你的孩儿，我看资质也温厚，是成家的人。你祖宗留下三纲五常垂宪万世的好法度。你家里不读书，是不守你祖宗法度，如何中？你老也常写书教训者，休息惰了。于我朝代里，你家里再出一个好人啊不好？

二十日于谨身殿西头廊房下奏上位：曲阜进表的，回去。臣将主上十四日戒谕的圣旨，备细写将去了。

上喜曰：道与他，少吃酒，多读书者。

前衍圣公国子祭酒克坚记。

明朝开国之初，皇上就表现出尊孔崇儒。洪武三年，恢复科举取二，此后每三年一考并成定制，考试内容专取自四书五经。诏令在府州县各级遍设官学，在乡村广设社学。官学又称儒学，儒学的宗旨是明人伦，而人伦的核心就是"忠孝"。

明代把忠孝作为立身教民之本、建国治邦之基，不断利用封爵旌表等形式,广为宣传忠孝之为,彰显恩荣忠孝之举。《大明令》规定,凡是孝子顺孙,"有司正官举明,临察御史、按察司体复,转达上司正官,旌表门闾"。通过褒奖忠臣、孝子、节妇,以此引导民风,为全社会树立典范和榜样。

朝廷对为国家做出突出贡献和考核优等的官员封爵封号,并恩泽其祖先和妻子;为忠孝节烈树立牌坊,如有功德坊、进士坊、名宦坊、贞节坊等。这既是崇高荣誉,也可流芳百世。此外,皇帝和各级官员还通过赐授匾额的形式鼓励读书做官、表彰宦绩政声、旌表孝子义士、褒扬节妇烈女,将其德行善言载入史册。

官方规定,每年定期于民间举行乡饮酒礼。酒礼以府州县长吏为主,以乡间致仕(退休)官绅和年高有德行者为宾,以期使百姓在聚宴时,习礼仪、学圣贤、申法纪和敦叙长幼之节,让百姓养成符合道德规范的行为习惯。

朱元璋在世时,大封王室,20多个儿子均封为亲王,分驻各地。惠帝登基后进行削藩,以统一军事,不料此举惹恼诸王。燕王朱棣起兵北京,挥军南下京师。对此,惠帝亦派兵北伐,讨伐诏书檄文都出自大臣方孝孺之手。建文四年(1402年)五月,燕王朱棣攻入南京,惠帝一说被烧死,一说外逃。文武百官多见风转舵,投降燕王。方孝孺拒不投降,结果被捕下狱。后因拒绝为朱棣草拟即位诏书,被朱棣灭十族,共计873人。方孝孺强忍悲痛,始终不屈,被凌迟于江苏南京聚宝门外。

在忠孝问题上,方孝孺认为,"孝以继志,忠以尽职";"大孝尽忠,以显父母";"移事亲之心以事君,则忠莫大焉,推爱亲之心以及人,则仁莫厚焉"。方孝孺认为,"忠与孝并无二致,惟有知孝亲,而后可以事君;惟有忠于君,而后可以称为大孝"(王春南、赵映林编著《宋濂方孝孺评传 上》)。

朱棣成了明代第三任皇帝明成祖。他很看重孝道,命翰儒侍臣辑录古今史传诸书所载孝顺之事,编撰《孝顺事实》一书,收录孝行卓然可述者207人,每事为之论断并系以诗。朱棣亲自制序,其中云:"朕惟天地经义莫尊乎亲,降衷秉彝莫先于孝。因而,孝为百行之本,万善之原,大足以动天地,感鬼神,微足以化强暴,格鸟兽,孚草木,是皆出于自然天理,而非矫揉造作。""德莫大于忠孝,而事莫难于杀身。盖身者,父母之遗体,不可以不爱焉。唯于君父之难,则死之,此所以为忠与孝也。于此犹爱其身,则非为巨子之道矣。""《孝顺事实》可使观者尽得为孝之道,油然而生亲爱之心,有裨于明人伦敦风俗的世教"(《中国历史朝代纪年表》)。永乐十八年(1420)六月,朱棣将《孝顺事实》一书颁发于文武群臣、两京国子监和天下学校。

然而在忠、孝之间,明代士大夫同样面临着一个艰难的抉择。传统士大夫自幼受到儒家思想的教育,无不以忠臣孝子自期。在天下无事之时,忠孝二德固能并存,但在改朝易代之际,两者颇难兼顾。"当时的士大夫有不同的意见,就官员的取舍来说,更是具有两种相反的说法:一种意见认为,有父母在堂,不必死;而另一种意见则正好相反,认为尽忠即所以尽孝;还有些官员则相信,他们必须尽忠,这样的行为,不是忘孝,而是以忠存孝,无忝所生。"[1]

由此看来,在忠孝取舍问题上,自古至此,仍然争论不休。明朝中期,社会动荡不安。王阳明为维护封建统治,创立"心学",认为"心外无物""心外无理""心外无善",主张通过"内心反省","克服私欲,以致良知",即恢复内心固有的封建道德观念。这就使得理学由客观唯心主义向主观唯心主义演变,走到了极端。

明朝,在忠孝道德上,遇到君主有难,死之则不孝,不死则不忠,因此最终选择以身许国。以忠统孝,成了士大夫的主流共识。史载:明末,张煌言被俘之后,张煌言的父亲被请来劝降,但张煌言在复书中说:"愿大人有儿如李通,弗为徐庶,他日不惮作赵苞自赎。"[2]他在复书中自称"不孝",因为他未

---

① 陈宝良:"明代士大夫的忠孝观念及其行为实践",《西南大学学报》(社会科学版),2013年第1期。
② 张存榜:"浅析《钦定胜朝殉节诸臣录》的编纂及晚明之殉节现象",《唐山师范学院学报》,2018年第1期。

听父亲之言。但在时人看来,虽说不孝,却是大忠。

明末夏完淳在父亲抗清失败自杀后也被捕。临死,他在《狱中上母书》中说:"父得为忠臣,子得为孝子。含笑归太虚,了我分内事",表现了忠贞不贰、视死如归的浩然正气。"无论是为国尽忠的忠臣,还是为亲尽孝的孝子,其间的忠与孝,从精神史的源头而言,无不与孟子所谓大丈夫的'浩然之气'有关。忠臣孝子一旦与浩然之气结缘,必然使忠臣具有侠士之风。"①

在理学极端化的长期熏染下,不仅食君之禄的大臣理当殉君,就连未曾食君之禄的普通民众也自觉殉君,"主辱"民也死。崇祯十七年,农历甲申年,即公元 1644 年,李自成军攻占北京,崇祯帝自缢于煤山殉国。得知这个消息后,自杀殉国的大小官员仅有名姓者达数千人。根据《明史纪事本末》第八十卷《甲申殉难》记载,大概有十五六位大臣自杀,有的是全家自杀。户部尚书兼侍读学士倪元璐听到崇祯自杀的消息后,哭着说:"国家至此,臣死有余责。"乃衣冠向阙,北谢天子,南谢母,索酒招二友为别,酹汉寿亭侯像前,遂投缳。倪元璐一家 13 口人全部殉国。

"左都御史李邦华闻难,叹曰:'主辱臣死,臣之分也,夫复何辞!但得为东宫导一去路,死,庶可无憾已矣。势不可为矣。'乃题阁门曰:'堂堂丈夫,圣贤为徒,忠孝大节,矢死靡他。'乃走文丞相祠再拜,自经祠中。贼至,见其冠带危坐,争前执之,乃知其死,惊避去。"(《明史纪事本末·甲申殉难》)真可谓"平时袖手谈心性,临危一死报君王。"

论史者,最忌以一二人之二三事而自谓可以尽括一代之精神。究竟有多少为明亡殉节的官员?这里有一个可靠的证据:乾隆四十一年,帝谕命编纂《钦定胜朝殉节诸臣录》,纪念殉明诸臣,表彰在明清战争中为明尽忠罹难死节的事迹,并追赠谥号,感佩他们"各为其主,义烈可嘉",视死如归的品

---

① 陈宝良:"明代士大夫的忠孝观念及其行为实践",《西南大学学报》(社会科学版),2013 年第 1 期。

节。在明清战争中，为明朝尽忠罹难死节者不计其数，仅受到乾隆表彰和追赠者就有 3700 多人。这数据足以验证了明代士大夫以忠统孝的主流共识。

自然，在明亡时也少不了降臣。乾隆帝谕命国史馆将"大节有亏"的降清官员一律编入《贰臣传》，把洪承畴等 120 个降将归入其中。乾隆认为，像洪承畴这类人不值得表彰和信任，如果每一个大臣都在国家存亡之际背信弃义投靠新主，天下还有什么道德与气节可言？但"因思我朝开创之初，明末诸臣望风归附"，像洪承畴、祖大寿等名显位高的降臣，使用他们是为了赢得天下，开创一统之规模。

洪承畴，字彦演，是福建泉州人，幼时家贫。23 岁考上了进士，成了明朝刑部的一个小吏。崇祯二年，陕北地区农民起义一波接一波，洪承畴毛遂自荐，几年的光景多次镇压农民起义军，屡战屡胜，被崇祯赏识，升任三边总督、太子太保、兵部尚书，后来总督河南、山西、陕西、湖广、四川五省军务，成为明朝后期的国之柱石。洪承畴降清后被任命为太子太保兼右副都御，招抚南方总督军务大学士，不遗余力地为清廷服务。

"明清易代，很多士大夫视死如归，将自己的以死殉节看成是一件'喜事'。从明代很多忠臣的表现看，无不体现出一种'愚忠'，证明他们的行为实践，并非出于理性的自我，而是出于外来精神压力之下的被动接受。正是一个'愚'字，才能使忠臣将自己的言论付诸实践。"[1]后人有的骂洪承畴是卖国贼，昨日还给明主子叩头效忠，今天就给清主子献媚服务，一人事两朝，大节有亏；有人说，识时务者为俊杰，洪承畴是促进民族融合、民族团结的英雄，平稳了朝代更迭，最大程度地避免了生灵涂炭。是耶非耶？谁又能说得清？

明亡后，还有不少老百姓为明朝殉道自杀。北京的一位塾师汤文琼闻

---

① 陈宝良："明代士大夫的忠孝观念及其行为实践"，《西南大学学报》(社会科学版)，2013 年第 1 期。

变竟自缢；一些京外民众也有殉君者，如苏州人许琰，"闻京师陷，帝殉社稷，大恸"，先是在胥门外投河，获救后又绝食，待"哀诏至，稽首号恸"而死。明末大儒刘宗周绝食而死；顾炎武的后母王氏也绝食而死。更多的人则成为藏身于残山剩水之间、苦饮痛楚的遗民。

北京大学历史学博士胡丹评述道：明朝之亡，不是一朝一夕的，其间累十七年，历千余战，不屈战死的官员有多少？嘉定三屠、扬州十日记述了军民坚决的抵抗，不然清兵怎会大开屠刀？明朝两都接连失陷后，南明君臣犹在西南奋战十余年，海外打着明朝的旗帜不倒，历时更久，这种坚强的抗争意志，在史上抑何其少见也！

清朝仍延续明代之制。清一入关，即于顺治元年下旨"褒扬节孝"。之后顺治帝又遣官赴曲阜祭孔，还亲自到太学释奠孔子，并更定孔子谥号为"至圣先师"，将《孝经衍义》颁行天下。清初统治者希望借助儒家思想来巩固统治。康熙皇帝推动程朱理学成为统治思想，还将朱熹奉为孔庙第十一位配享哲人，程朱理学被尊为正统。康熙帝进一步尊孔子为"万世师表"，刊印《性理精义》《朱子全书》，并于 1684 年亲赴曲阜致祭孔子，还罕见地行三跪九叩大礼，表现了他对儒学的极端重视。乾隆帝把女儿嫁给孔子第 72 代孙衍圣公孔宪培，他先后 8 次到曲阜孔庙朝拜，亦向孔子行三跪九叩的大礼。清代完全承续了宋明儒学的思想，使宋明理学进一步深化。

纵观明清两朝，统治者都奉行理学，封建专制集权达到了登峰造极的程度。为了教化的需要，朝廷大兴学校，地方广建书院，并在乡镇广泛建立社学、村塾，将理学思想普及于广大农村。乡规民约和家范、家训、家规普遍出现，使道德教化落实到基层乡里和诸多家庭。明初太祖朱元璋颁发《教民六谕》，清初康熙、雍正年间形成较六谕更为详备的《圣谕广训》，又使对民众的教化有了一个全国性的统一纲领，并通过官府运用行政手段有效地予以推行。

戏剧、小说、说唱艺术在明清时期的繁荣发展，为传统道德在广大民间的普及开辟了更为广阔的通道。宣扬忠孝节义是主题之一。广大目不识丁的底层民众也能时时受到传统道德的熏染,忠孝节义很快就从统治阶级主流意识形态泛化成民间普遍流行和自觉尊奉的价值观念。"翻检明清小说、话本、戏曲、家训、乡规民约等,随处可见大肆宣扬忠、孝、节、义四德。显然此四者所落实的三纲强调、维护的是君权、父权、夫权。忠孝节义在明清盛行无疑是三纲、三权在明清更加强化的表现。'忠孝节义'被普遍认同和尊奉并日益成为钳制人心、束缚人身的精神枷锁。"①

在明清两代,以忠孝为主要内容的核心价值观对于保持国家稳定、推进我国各民族的团结和社会发展发挥了十分重要的作用。"忠孝核心价值观的贯彻是一个长期过程,是一个如何将高深的圣人之言逐渐转化为百姓自然行为的过程。这一核心价值观几百年一贯地讲下来,慢慢就有了效果。即便是片面强调忠君这样的专制色彩很浓的东西,也对社会产生了很大影响。经过两百多年的教化,到清末,忠孝观念逐渐家弦户诵,深入人心。"②

现在的历史教科书认为,明清是儒学发展的变异时期,其特点是:明清儒学既继承了宋明理学的许多思想观念,又对其中不少陈腐之处不满,力求有所更新。使得儒学思想更趋实事求是,与国计民生靠得更近。之所以出现这种特点,是因为明末清初,随着商品经济、资本主义萌芽的产生,一批新思想家崛起,他们批判地继承了宋明理学的许多思想观念,以适应时代的要求。李贽批判道学家的虚伪说教,否定孔子是天生圣人,反对以孔孟学说为权威和教条,提倡个性的自由发展,强调人正当的私欲,批判理学的"天理"学说;黄宗羲猛烈抨击君主专制制度;顾炎武倡导经世致用,开一代朴实学风的先河;王夫之的唯物思想,启示了近代人们的思维方法,具有划时代的

---

① 陈宝良:"明代士大夫的忠孝观念及其行为实践",《西南大学学报》(社会科学版),2013 年第 1 期。
② 陈宝良:"明代士大夫的忠孝观念及其行为实践",《西南大学学报》(社会科学版),2013 年第 1 期。

意义。

儒学的进步思想家在继承传统儒学的基础上,着重对宋明理学和君主专制的弊端进行批判,使得儒学思想更趋实事求是,从而又一次发展了儒学。李贽、黄宗羲、顾炎武、王夫之等思想家挑战正统,提倡"趋时更新",提倡个性,批判专制独裁,提倡法治,否定君权;反对重农抑商;批判继承宋明理学,否定理学的形而上学观点,提倡"经世致用"的务实学风和行为。对晚清民主思想的兴起有一定的影响,成为近代进步思想的先声。

整个宋元明清时代,朝廷对忠孝贞节大力表彰。诚然,在中国历史上历朝历代无不表彰忠孝贞节,但宋元明清时代更显重视。为了倡孝,宋至明初朝廷对于不合正道的"割股剖肝"等愚孝行为亦予褒赏表彰。为报父母之仇而杀人本属于违法行为,但出于倡孝的需要,这类行为亦受到朝廷与官府的从宽处置。如宋初李璘为报父仇而杀人后自首,宋太祖竟扶义而动,推理而行,义而释引。这种量刑方式一直延续到明代。如,崔镒因护母而杀人,下刑部谳,刑部尚书却认为"镒志在救母",故其杀人罪"难拘常律",主张宽贷。最后,"帝亦贷其罪"。

宋元明清时代,随着父权夫权的强化,"从一而终"的观念逐渐获得更为广泛的认同,贞节被普遍视为与忠、孝并列的崇高美德,是女性的最高德行。"从历史资料看,北宋与前代相似,从一而终的贞节观念尚不深重。那时寡妇改嫁者甚多,连一些有很高社会地位的家庭,年轻寡妇也有改嫁者,或娶寡妇为妻者。"①随着理学兴起,三纲上升为"天理",这种情况逐渐发生变化,特别是程颐提出"饿死事极小,失节事极大"之后,从一而终的贞节观念遂急剧强化。到了明朝,对贞节的表彰也更甚于前代。不仅将其"着为规条",令地方官"岁上其事",而且待遇亦优于前代。及郡邑志的贞女节妇竟不下万余人。无数年轻寡妇守节终生,足不出闺门,过着极端艰难凄凉的生活。

---

① 桑东辉:"'忠孝节义'考论",《道德与文明》,2013 年第 4 期。

《元史》中为官方所记述的"烈女"行为十之八九是"死节",尽管官方认为从夫而死有失偏颇,却也默许鼓励着这种行为。明朝宋濂在《四库全书·史部·元史·列传第八十七·列女》开篇的序语中云:"元受命百余年,女妇之能以行闻于朝者多矣,不能尽书,采其尤卓异者,具载于篇。其间有不忍夫死,感慨自杀以从之者,虽或失于过中,然较于苟生受辱与更适而不知愧者,有间矣。故特著之,以示劝励之义云。"以下为该书中的几条烈女事例:

周氏,泽州人,嫁为安西张兴祖妻。年二十四,兴祖殁,舅姑欲使再适,周氏弗从,曰:妾家祖、父皆早世,妾祖母、妾母并以贞操闻,妾或中道易节,是忘故夫而辱先人也。夫忘故夫不义,辱先人不孝,不孝不义,妾不为也。遂居嫠三十年,奉舅姑,生事死葬无违礼。

赵氏女名玉儿,冠州人。尝许为李氏妇,未婚夫死,遂誓不嫁,以养父母。父母殁,负土为坟,乡里称孝焉。

杨氏,东平须城人。夫郭三,从军襄阳,杨氏留事舅姑,以孝闻。至元六年,夫死戍所,母欲夺嫁之,杨氏号痛自誓,乃已。久之,夫骨还,舅曰:"新妇年少,终必他适,可令吾子鳏处地下耶!"将求里人亡女骨合瘗之。杨氏闻,益悲,不食五日,自经死,遂与夫共葬焉。

李君进妻王氏,辽阳人。大德八年,君进病卒,卜葬,将发引,亲戚邻里咸会。王氏谓众曰:"夫妇死同穴,义也。吾得从良人逝,不亦可乎!"因抚棺大恸,呕血升许,即仆于地死。众为敛之,与夫连枢出葬,送者数百人,莫不洒泣。

据史料载,正史中各代烈女的数字是:《唐书》54 人,《宋史》55 人,《元史》187 人,《明史》不下万余人。明代烈女何以巨增?因为朝廷的大力旌表,《明会典》规定:"凡民间寡妇,三十以前夫亡守志者,五十以后不改节者,旌表门闾,除免本家差役。"清代自杀殉夫的事例更多于元、明,不少人采取绝食、吞金、仰药、自缢、投水等不同方式殉夫。

中国古代部分正史中表彰忠孝节义的"列传"一览表

史书名称	成书年代	表彰名教的列传
《史记》	西汉	
《汉书》	东汉	
《三国志》	西晋	
《后汉书》	南朝宋	列女
《宋书》	南朝梁	孝义
《魏书》	北齐	孝感、节义、列女
《梁书》	唐	孝行
《陈书》	唐	孝行
《隋书》	唐	孝义、列女
《新唐书》	北宋	忠义、孝友、列女、奸臣、叛臣、逆臣
《宋史》	元	忠义、孝友、列女、奸臣、叛臣、逆臣
《金史》	元	忠义、孝友、列女、叛臣、逆臣
《元史》	明	忠义、孝友、列女、奸臣、叛臣、逆臣

以上表格反映了朝廷在表彰名教方面的发展趋势:从宋代起,表彰忠孝节义呈直线上升之势。

总之,宋元明清时期,由于三纲业已成为"天理",教化的加强、普及和朝廷的持续表彰,君权、父权、夫权更加绝对化。忠孝节义业已深入人心,既已成为社会风气,被社会普遍视为至高美德。以至忠孝节义的实际地位与影响高于五常,各种愚忠、愚孝、愚贞、愚节的行为在社会上日益普遍。自元以后更是恶性发展,一些愚昧野蛮的行为达到骇人听闻的程度。即使是当时的思想家也发出过"人死于法,犹有怜之者,死于理,其谁怜之"(戴震语)的沉痛谴责和愤怒控诉。

即使按先儒的伦理标准,宋元明清时期所出现的种种愚德行为也并不符合基本道德原则,在当时即受到有识之士的非议、否定。早在宋代,有人便指出割股孝亲一类的行为"非孝道之正",待明初发生杀子祀神事件后,更是引发一场争议。当时的礼部官员认为：人祷是孝的正道，至卧冰割股，上古未闻。假如父母只有一子，其子若因割股、剖肝、卧冰而死，反为不孝之举。

尽管忠孝伦理道德一时被严重扭曲，但是它并不影响忠、孝这个中华传统文化整体上的光辉内涵。在贺麟的理论视野里，儒家思想是中华民族的中流砥柱，是中国文化的主流、主体、主干，虽然说"宋以后的中国文化有些病态，宋儒思想中有不健康的成分，但切不可因此妄自菲薄，而只能说须校正宋儒的偏弊"，"发扬先秦汉唐的精神，尤为我们所应努力"。①

世间任何事物都是物极必反。愚孝愚忠沦为强化君主独裁、父权专制的工具，在实践上膨胀和泛滥，走向极端化、愚昧化，异化到面目全非的地步，已经到了不进化则无以存的地步。1840年，西方帝国主义的坚船利炮轰开了中国的东南沿海防线，鸦片战争爆发。随着西方文化的渐渐侵入，西方的民主、自由等文明思想开始传入，中国人的自觉性和主体意识不断增强，一大批文化先驱站在时代的高度，从自然人性的角度来揭露封建忠孝文化的专制性、绝对性，并开始了激烈批判。鸦片战争至辛亥革命时期，儒学遭受了沉重打击。五四新文化运动时期，一些思想家对"吃人的封建礼教"进行了暴风骤雨般的愤激清算，这些清算针对的正是宋元明清时期愚昧而荒谬的忠孝恶行。

---

① 贺麟：《文化与人生》，上海人民出版社，2011年1月，第197页。

第一节　西风东渐，西方文明的传入

一、西方自由平等观念对儒家传统文化的冲击

千百年来，传统孝文化在家庭伦理中规范了人伦秩序，使得上慈下孝、长幼有序、家庭和睦；孝道推崇忠君思想，倡导报国敬业，规范了社会行为。忠孝传统观念始终统领着几千年来中华民族文化的发展方向。中华民族文化之所以经久不衰，成为世界文明从古代延续至今的唯一的古文明，其根本原因也在于忠孝文化形成的家国情怀。然而，自宋代理学出现以后，传统儒家思想开始异化，尤其是明清时期逐渐走向极端化、愚昧化，成了束缚人们的精神枷锁，异化了人们的生活。

在这种背景下，1840 年鸦片战争爆发后，中国开始了近代民主化进程。西方人再度进入中国，包括西方传教士、外交家、官员等，并以各种媒介带来西

方的新知识。而西方人对中国文化持有偏见，不认同中国传统文化，看不起中国人。英国人伶俐曾说过这样一段话：许多年里，全欧洲人都认为中国人是世界上最荒谬、最奇特的民族，他们的剃发、蓄辫、斜眼睛、穿奇装异服，以及女人自毁行走的脚，长期给了那些制造滑稽的漫画家以题材。

同样，清朝官员林则徐在澳门看到洋人的装束打扮时，鄙夷地说道："真夷俗也！"

鸦片战争时期，一名清军兵士张遇祐被英军俘虏后，要剪他的辫子，他却宁死不剪，大声喊道："要剪我的辫子，除非杀了我的头！"英国侵略军头目义律恐吓他，要杀他的头，张遇祐丝毫不惧，依然护辫。义律遂拿出一百元银圆赏给张遇祐，张遇祐丝毫不为所动，说："快收起你这肮脏的钱，免得玷污了我的眼！"他大义凛然、宁死不屈的气势令义律为之惊异，遂放走了张遇祐。这事传到清军营中，当时闽浙总督邓廷桢在广州协办夷务，感动之余赋诗一首：截发何如竟断头，盘空硬语压夷酋，男儿要膂坚如铁，愧杀夸毗惯体柔。

西学书籍的翻译和著述是西学东渐的重要媒介。如 1840 年中国商人林鍼的《西海纪游草》记述了他在欧洲及美国的游历；1843 年，英国传教士麦都思在上海创建了"墨海书馆"，成为中国人了解西方的桥梁。来华的西人、出洋的华人，以及书籍等各种新式教育的媒介，把西方的人文社科、自然科学、应用科技等大量传入中国，对中国的学术、思想、政治和社会经济都产生了重大影响，对中学构成了根本性的挑战。

1843 年，根据《南京条约》和《五口通商章程》的规定，上海正式开埠，从此中国贸易中心逐渐从广州移到上海。外国商人、货物和外资纷纷涌进长江门户，开设行栈，设立码头，划定租界，开办银行，上海从一个不起眼的小渔村迅速发展起来，并朝着远东第一大都市迈进。西方工业文明的入侵，民族资本主义的发展，有识之士的政治活动，西方民主科学思想的传播，都深刻影响了中国的社会发展，具体表现在以下方面：

首先,图书出版方面。面对洋人、洋货、洋文明,中国政府官员意识到闭关造成的虚骄与蒙昧。1862 年"京师同文馆"成立,这是清末第一所官办外语专门学校,培养"译员""通事",揭开了官方近代西学输入的序幕。随着 19 世纪 60 年代"洋务运动"出版业的开展,形成了三个专门从事输入西方科学文化知识的文化传播系统:一是京师同文馆,出版的国际公法、化学、法律方面的书籍影响最大;二是上海同文馆(1863 年)、广州同文馆(1864 年)、江南制造局译书馆(1868 年),主要出版科学技术方面的书籍;三是上海格致书院、广学会、益智书会等民间机构和传教士掌控下,文化机构的出版物。

近代著名的政治思想家王韬在 1867 年出游欧洲,出版了《法国志略》《普法战纪》二书。商人李圭赴美国参与博览会,写下《环游地球新录》一书,对美国学术科技的发展作了详细的介绍。清政府派赴欧美的官员和知识分子将域外文明中的大量信息反馈回国内。

1876 年,随郭嵩焘出使欧洲的刘锡鸿、张德彝通过日记的形式,把西方近代婚姻家庭观念介绍给国内。其中写道:"西人不知有父母……凡为子者,自成人后,即各自谋生,不与父母相闻。闻有居官食禄之人,睽离膝下十数载,迨既归,仍不一省视者。男女婚配皆自择,女有所悦于男,则约男至家相款洽,常避人密语,相将出游,父母之不禁,款洽既久,两意投合,告父母互访家私,家私不称不为配也;称则以语男女,使自主焉。""西国女子之嫁也,不待父母之命,不须媒妁之言。""男女私交,不为例禁。"①面对与中国婚姻家庭伦理迥然不同的生活情景,刘锡鸿、张德彝在惊诧之余,也表露出了些许的赞同。显然这些出自国人切身体验和思想整合的见解,比外国传教士的宣传更容易产生社会效应,更容易为中国人所接受,从而使近代西方婚姻家庭价值观念在中国社会广为传播,并促进了中国社会具有近代意义的婚姻

---

① 郭嵩焘:"伦敦与巴黎日记",收编在钟叔河主编的《走向世界丛书》,湖南人民出版社,1980 年,第 182 页。

家庭道德观念的产生。

1887 年,由传教士、外商组成的"广学会"是一个重要的西学出版机构,出版翻译了大量政治、科技、史地、法律等方面的书籍。西方思想的传入,对中国几千年的纲常名教是一个大冲击,争取自由、男女平等成为新的社会改革的潮流;女子不缠足,男子死后女子可再嫁,夫妇不相合可离婚,男子不娶妾等观念在社会上渐有影响。

其次,报纸方面。报纸的创办使西方文明的传播更加广泛。从 19 世纪 40 年代,在华传教士兴起了一股办报的热潮,他们先后在中国创办了近 170 种中外文报刊,约占同时期中国报刊的 95%。1861 年由英商匹克伍德在上海成立的《上海新报》,其内容除新闻、商务消息外,也有西方科学技术等方面的介绍。1868 年,美籍传教士林乐知、丁韪良在上海创办外文报刊《中国教会新报》周刊,以刊登教义、教务等内容为主。6 年后易名为《万国公报》。"西方传教士在《万国公报》上刊登了一些有关西方婚姻家庭方面的文章和消息。例如介绍西方'一人不得娶二妻','既娶妻不准纳妾,此例国人所共遵而不敢犯,且为人所乐从','夫妇离异之律,以公道处之'。"①

从 19 世纪 70 年代,中国人开始自己创办近代报刊。1873 年,在汉口出版的《昭文新报》开创了国人办报的先例。维新运动中,国人办报形成高潮,其中影响较大的有《中外纪闻》《强学报》《时务报》等。新式报纸的影响力仍然局限于沿海口岸地区。

1872 年英商美查同伍华特、普莱亚、麦洛基合资创办了以赢利为主要目的的商业报纸。在外国人办的报刊中,由中国人主执笔政的,《申报》是第一家,它是中国现代报纸开端的标志。《申报》的内容紧贴上海社会现实,在市民中影响广泛,很快成为上海的主流媒体。正是这些媒体对自由、平等、民主思想的传播,在中国人心中掀起了巨大波澜,他们感到那么新鲜,接受起

---

① 关威:"新文化运动与婚姻家庭观念变革",《广东社会科学》,2004 年第 4 期。

来也很快。

再次,留学方面。随着中外交通大开,出洋留学蔚然成风。继 1847 年广东青年容闳在一个传教士的帮助下赴美留学后,1870 年,容闳向曾国藩、李鸿章建议选派有志青年留洋。"1872—1875 年,清政府先后派遣 120 名幼童赴美留学,学习当时国内办洋务急需的开矿、机械、造船、工业技术等工科专业。从此,留学从最初的民间行为上升为官方行动。"①此后兴起了留日浪潮,大量官方资助及民间自行前往的留日学生出现,他们多为港、澳地区教会学校的学生。有学者评价道:"近代留学教育发端于第一次鸦片战争,兴盛于甲午战争和抗日战争之间,与整个中国近代史相始终,在近代中国的变迁中起到了轴心作用,留学生的去向主要集中在欧洲、美国、日本等地。"②

留学热潮一浪高过一浪,其中有 19 世纪末的赴英、法、德留学热潮,有 20 世纪初的留日高潮,五四运动前后的留法热潮。许多热血男儿远渡重洋,寻求救国救民的真理,接受了西方先进的科学文化的洗礼。回国后,为中国的近代化事业做出了不可磨灭的贡献。"20 世纪前漫长的四五十年里,在政治矛盾、社会矛盾的激化下,一批又一批留学生留学欧美、东渡日本,知识分子质变的过程也正是社会除旧布新、民族精神嬗变的过程。"③

最后,女学方面。在西方文明的影响下,妇女解放最早是从她们的"脚"开始的。在民间,1874 年,英国传教士约翰·麦克高望率先在厦门建立了一个拥有 60 余名妇女的"天足会"。天足即放足,是针对妇女的缠足而言的。入会的妇女不得缠足。这是目前中国第一个有历史可考的反缠足组织。第二个人是英国的立德夫人——英国在华著名商人立德之妻。为了彻底解放中国女人的脚,1878 年,她在上海也设立了"天足会",并在中国无锡、苏州、扬州、镇江、南京等十多个省、市地区设立了分会。她利用广学会出版书刊

① 王辉耀:"世纪留学潮 群星璀璨耀中华",《人民日报》,2013 年 11 月 4 日。
② 唐小兵:"欧风美雨驰而东",《同舟讲坛》,2018 年 12 月 9 日。
③ 唐小兵:"欧风美雨驰而东",《同舟讲坛》,2018 年 12 月 9 日。

广行宣传,四处组织演讲。她找到"中国最有学问的总督"张之洞,说服他为"天足运动"题了字,她每次演讲时必把张之洞题字的红纸悬挂在会场。她对中国新派人物的"天足运动"有推波助澜之功。在《穿蓝色长袍的国度》一书中,立德夫人写道:"如果你还记得小时候第一次踏进冰冷的海水时的感觉,那么你就能体会到我现在动身去中国南方宣传反对裹足时的心情。对那里我十分陌生,而裹足是中国最古老、最根深蒂固的风俗之一。"尽管立德夫人在中国南方的劝说活动的效果非常有限,但她将不缠足的种子播撒到中国各地。

湖南女子学院讲师陈喜对清朝末期的女子教育作了专门研究,她说:1844 年,西方传教士创办的"宁波女塾"被认为是中国本土第一所女子学堂。1847—1860 年中,通商五口创设教会女子学校 11 所。英国教会又于 1864 年在北京、天津各设一女校,而上海圣玛利亚女学创办于 1881 年,中西女塾、清心女学旋又相继成立。据 1877 年在上海举行的"在华基督教传教士大会"报告,1876 年全国基督教教会所办的单设女子学校有女日校 82 所,学生 1307 人;女寄宿校 39 所,学生 794 人。而 1878—1879 年天主教在江南一带也有女校 213 所,学生 2791 人(杜学元《中国女子教育通史》)。到 1902 年,除初等蒙学堂不计外,教会学校学生总数为 10158 人,其中女生数为 4373 人,女生比例为 43.05%。[①]

以上资料说明:洋人以传教为目的开办的教会女学,首开中国女子受学校教育之风,对当时中国社会重男轻女的封建体制是一个很大的冲击与挑战,对于抵制封建伦常、提倡男女平权具有积极影响。

19 世纪 80 年代,福州女子寄宿学校女教师伊丽莎白·菲希尔女士更是站出来替中国的女子讲话,她提出:"人们给我们女孩子多少教育?如果已

---

① 参见陈喜:"清末民初女子教育与女子高等教育之变迁",《湖南师范大学教育科学学报》,2013 年第 6 期。

经给男孩子中学教育,那一定也要给女孩子中学教育;如果已经给男孩子大学教育,那就一定要给女孩子大学教育。"①

1895 年甲午战争以后,基督新教的教士也开始进入中国,天主教士也随口岸的开放来往各地,他们成立教会学校、医院,并开设印书馆、设立期刊、并译著大量书籍,对于西学的传入有很大贡献。

随着晚清与西方国家之间不平等条约的签订,各地通商口岸租界逐渐设立,产生了许多中西文化得以交流的通道。其中尤以上海租界最具代表性及影响力,居住在租界中的民众,较直接地接触到新的西方科技事物、西方的政治法律体制、资本主义的经济,以及西方的媒体和西方人的生活方式。因此,许多近代以来的新知识分子,都曾因在上海生活而受到西学的影响。

西风东渐,中国人感到西人的观念和做法是那样新奇,在惊讶之中透出羡慕。他们善于接受先进文化并进行创新,人们的物质生活和社会习俗在急速变化。这种变化由通商口岸、大城市逐步向内地延伸。这有利于冲破封建文化的束缚,革除弊端,既保留传统中国文化的精髓,又日趋科学合理,推动了中国近代民主化进程,促进中国社会向前发展。

有学者评述道:"清末时的欧风美雨、碰撞与交融,将西方近代各种学术上的新成果带入了中国,深深影响到各种学术的发展,而许多在传统中国不被重视甚至不存在的学科也在此影响下得到发展。中国传统学术的基本框架'经、史、子、集'完全被打破,许多传统的学术受到西学的冲击,有的逐渐没落,有的吸收西方学术而加以改进,到民国时期,整个西方式的学术体系架构大致成型。"②

由于中国当时面临着国破家亡的命运,许多有识之士开始更积极全面

① [美]华惠德:"初创时期的福建华南女子大学",《教育评论》,1990 年第 1 期。
② 景海峰:"国学兴起与当代中国文化思潮的脉动",《孔学堂》,2014 年第 1 期。

地向西方学习,出现了梁启超、康有为、谭嗣同等一批思想家。他们创办的报刊,多用于宣传西方政治思想及改良思想,其中包括康有为 1895 年创立的《万国公报》,1896 年创立的《强学报》,同年梁启超创立的《时务报》,革命派则在日本创办的《民报》。还有上海的《新闻报》《时报》,天津的《大公报》等。这些刊物的发行量及影响力,都远超早期的教会期刊。同时报纸的发行量和发行地区大增,亦开始出现竞争。

1897 年,夏瑞芳、鲍咸恩、鲍咸昌、高凤池等人在上海成立"商务印书馆",标志着中国现代出版业的开始。它重视较为通俗的知识介绍,以及配合新式教育的推广而出版的新式教科书,同时由于其出版社分馆及销售点遍布全国,因此能将西学新知传布于更广大的民众。

19 世纪 90 年代,租界从原来只能通商变为可以有工业投资,外地大量民工尤其是女工进入上海,上海开始变成有工厂、有工人的工业城市。上海最早的职业是保姆,保姆(旧时称娘姨)不同于传统的丫头或婢女,她们是自由身,打工可以自由选择。上海的纺织女工和有"湖丝阿姐"之称的缫丝女工们冲破"男子治外,女子治内"的观念,不再"耻于抛头露面",而是勇敢地走出来参加户外劳作,或者从事家庭手工业,不愿再做男性的附庸。中上阶层的不少女性、不再困守闺中不自由,她们与名媛一样走出家门择业任职或参加社会活动。

教会创办的新式学校越来越多。逐渐由各口岸进一步发展至内地,成为早期西学在民间传播的重要途径。伴随着西方"男女平等""女性教育"等文明观念的传入。1876 年,国人徐寿、傅兰雅在上海创立的"格致书院"是较早的一所教授西洋自然科学的学院。在甲午战争的刺激和戊戌维新的鼓吹下,新式学堂大量出现。大量传统的书院改为新式学堂,近代意义上的女子教育在清末的中华大地上缓慢萌芽。1897 年,中国教育家经元善在上海创办了中国第一所女子学校——经正女学,此后,国人自办女学日渐兴盛。

晚清政府亦有开明的一面,在晚清新政中,正式采用西方学制来规范各级学校,其学习西学的内容也更为广泛。1904 年 1 月,清政府公布《奏定学堂章程》,这年为旧历癸卯年,故称"癸卯学制"。该学制规定学堂的立学宗旨是:"无论何等学堂,均以忠孝为本,以中国经史之学为基,俾学生心术壹归于纯正。而后以西学瀹(渗透)其智识,练其艺能,务期他日成材,各适实用。以仰福国家造就通才,慎防流弊之意。"这是中国历史上第一个在全国正式颁布的学制。它开启了中国近代化教育,打破了儒家经典一统天下的局面,建立了统一的教育行政体系;也反映出羸弱、落后的大国的文化自信,表明了清政府求变图强、与时俱进的愿望。1905 年清政府又废除了科举制,使传统的私塾失去了其主要作用而没落或转型。

正是在这样的背景下,1905 年 8 月,孙中山与黄兴等人,在日本东京创建中国近代第一个领导资产阶级革命的全国性政党——中国同盟会,其纲领是"驱除鞑虏,恢复中华,创立民国,平均地权"。开放的日本成为中国民主革命思想的发源地,留日学生大都热心参与政治活动。孙中山派人到国内外各地发展组织、宣传革命,使更多的人投身于反清革命。例如,山东潍县有 15 名日本留学生,在参加同盟会后相继回国。他们大都以办新学为掩护,在学校内,暗中积极宣传孙中山"驱除鞑虏,恢复中华"的革命主张。人们好奇地发现,这些从国外回来的孙中山的信徒,穿着西服,头上的辫子也早已剪掉。著名学者季羡林先生说:"对中国近代化来说,留学生可以比作报春鸟,比作普罗米修斯,他们的功绩是永存的!"

"辛亥革命结束了千年帝制,传统的价值系统失去了固有的社会物质基础,至此,儒家价值不仅丢失了作为理想或信仰的感召力,而且失去了世俗力量的支撑。正是由于定于一尊的权威的跌落,造成了思想解放的客观环境与重建现代性民族价值的客观需求。"①由李石曾、蔡元培等人发起勤工俭

---

① 高瑞泉:"近代思潮与社会变迁——简论中国近代社会思潮的根源",《天津社会科学》,1995年第 6 期。

学的运动,使许多中国留学生赴法国留学。这些大量的留学生直接接触到西方的教育,更直接地将西学传入中国。更多的人对传统文化不满,开始视西学为"新学",认为"西学"高于"中学"而应当取代"中学"。

1912 年维新派人士成立的中华书局,在全国各地成立学会并向公众开放借阅藏书,其中藏书除传统学术书籍外,还包括许多西学书籍,对于传布新学于民间产生不小作用。

1915 年成立的期刊《新青年》以文化讨论为主要目的,其他类似的期刊,对于民国初期西方思想的传入产生了重要影响。这些传播更加深了国人对传统道德的自我反省,特别是经历了重器物的洋务运动的失败和"重制度"的戊戌变法失败后,人们认识到了现代化仅止于学习科学技术和政治制度是不够的,还必须学习现代化的价值观念。于是又开始了"五四新文化运动"阶段。1915 年 9 月至 1920 年前后,以陈独秀、李大钊等人为首的一批激进民主派人物高举"科学""民主"两面旗帜,向根深蒂固的封建文化发动了猛烈攻击,兴起了中国现代史上影响极为深远的一场思想解放运动。这场运动表明了人们对中国文化现代化的认识,进入了一个更深的层次。

政治的根本在文化,数千年封建文化传统熏陶积淀而成的消极的国民人格、保守的文化心理、顽固的道德意识,乃是专制制度死而不僵的灵魂。陈独秀称:"自西洋文明输入吾国,最初促吾人之觉悟者为学术,相形见绌,举国所知矣;其次为政治,年来政象所证明,已有不克守缺抱残之势。继今以往,国人所怀疑莫决者,当为伦理问题,此而不能觉悟,则前之所谓觉悟者,非彻底之觉悟,盖犹在惝恍迷离之境。吾敢断言曰:伦理的觉悟,为吾人最后觉悟之最后觉悟。"

五四新文化运动时期,在对传统文化尤其对忠孝道德的批判中,知识界群情激愤的情绪化高于理性,"那些激进的学界思想家、学者,撇开孝道文化的整体性来认识和批判传统孝道观念,在理论上失于偏颇和片面,实际上摧毁了传统文化中一些优良道德因素的生态环境,也摧毁了传统文化长期培育的良风美俗的生态环境"①。当然,也有冷静的思考者,梁漱溟、陈寅恪、冯友兰等学者对孝文化批判保持了较为冷静的态度。当代新儒家和海外学者杜维明对孝文化给予更为积极的肯定,他们的肯定意见启发人们对孝文化批判进行新的思考。

总之,中国人经过西学的洗礼,对于世界、历史发展、政治、经济、社会、自然界万事的看法都有了巨大的改变。而中国传统的思想文化中的许多成分,则被以西方的标准重新估定其价值,尤其是儒家思想及一些民间的风俗信仰文化则受到强烈的批判。一些受西方思想影响的女性开始勇敢地走向社会,参加社会活动,从军参政,进学堂读书,出洋留学,男女同校。在婚姻上,追求自由恋爱,反对包办婚姻、买卖婚姻的呼声逐渐得到社会各界的认同,根深蒂固的封建恶习渐渐地被摒弃,中国社会呈现出亦土亦洋、中西交融的社会文化特征。

二、血铸民国,革命党人的千秋忠义

中国人有两千多年的"忠君"历史,但也有同样多的反抗"暴君""昏君"的行动。一旦君主背离"君位"道德、明主伦常,视民众如"土芥",那么草民就勇于站出来反对君主。看看中国历史上的历次农民起义。

两千年前,孟子告齐宣王曰:"君之视臣如手足,则臣视君如腹心;君之视臣如犬马,则臣视君如国人;君之视臣如土芥,则臣视君如寇仇"(《孟子·离娄下》)。这是孟子对君臣关系的论述。在君臣关系中,君是主导的方面,君主对臣民是什么态度,臣民对君主就会是什么态度。如果君王待臣如犬如马,那么臣属视君则如同路人,陌路相逢,冷眼相对,对面相逢不相识,君臣分离,背道而行;若君王视臣如泥土如草芥,任意践踏,随意抛弃,那么臣属视君则如强盗如仇敌,拔刀相向,怒目相对,继而灾难兵祸由此而生。

---

① 马尽举:"关于孝文化批判的再思考",《伦理学研究》,2003 年第 6 期。

战国时期法家代表慎到，是一位被历史淹没的伟大思想家，他的《慎子·内篇》中有言："立天子以为天下，非立天下以为天子也；立国君以为国，非立国以为君也。"意思是，设置天子是为了天下，而不是设立天下而为了天子；设置国君是为了国家，而不是设立国家而为了国君。这体现的是"天下非一人之天下"的公共利益原则，也就是正义原则。

国君本应当"钦明文思安安，允恭克让，光被四表，格于上下。克明俊德，以亲九族。九族既睦，平章百姓。百姓昭明，协和万邦，黎民于变时雍"（《尚书·虞书·尧典》）。这就要求为政者恭敬节俭，善理天下，道德纯备，温和宽容，辨明政事，协调万邦，使得天下友好和睦。然而，中国历史上最后一个封建王朝大清朝，自1644年清军入关后的268年里，政治上推行首崇满洲、圈地投充、剃发易服、迁海令、文字狱等，君主专制发展到顶峰。清朝中后期，由于政治僵化、文化专制、闭关锁国、思想禁锢、科技停滞等因素已经落后于西方，已衰相尽显。

例如，乾隆时，随着经济繁荣和财力充裕，奢靡腐败之风日趋严重。乾隆六巡江南，游山玩水，沿途接驾送驾、进贡上奉、糜费特甚；大小官吏借接驾机会，巧立名目勒索百姓；文武百官、大地主、大商人，无不极尽奢华之能事。统治者违反了"允恭克让，光被四表，克明俊德，平章百姓"的道德要求。

清朝奢侈淫靡习气最严重，满族亲贵、各级官员贪污腐败更是胜于各个朝代。例如满人阿克当阿任淮安关监督十余年，搜刮的民脂民膏不计其数，豪富无敌，人称"阿财神"。汉族官宦豪族的奢华情形也大同小异。大小官吏上任之时大多两手空空，离任返乡则车拉船载，浩浩荡荡。乾隆后期军机大臣和坤就是有名的大贪官。稍后的领班军机大臣穆彰阿可与贪官和坤媲美，揽权卖官，贿赂公行，世人讽刺说"上和下穆"。1841年大学士琦善被抄家，赃物有黄金10912两，白银1805万两，珠宝11箱。"三年清知府，十万雪花银"是当时吏治腐败、几乎无官不贪的生动写照。

清朝政府愚昧无知守旧，虚骄自大，鸦片战争之后虽然被迫接受了西方日益强大的事实,但部分官员和封建王室仍因循守旧。例如,1881年,洋务派领袖李鸿章为了解决开平煤矿的运煤问题,修建了一条唐山至胥各庄全长只有11公里的铁路。当铁路首次通车时,顽固派声称机车行驶会震动皇陵,李鸿章被迫一度改用马拉车厢在铁路上行走,成为当时的奇闻。

清朝后期,腐败之风益炽,渗透到各领域和社会各方面。以内务府为案例:清廷内务府全称为"总管内务府衙门",是一个专门负责皇帝及宫廷内部的私事和家事服务的机构,权力很大,连负责照顾皇帝性生活的敬事房也隶属于内务府。1911年,内务府一年支银预算高达1024万两,而咸丰朝时仅为40万两。这是在皇帝家里、眼皮下尚且如此,那些不在皇帝身边的地方大吏贪腐起来就更加肆无忌惮了。例如两广总督岑春煊巡视陆军学堂时,一次宴会就需洋酒1300多金。至于冒领公款、挥霍浪费,甚至侵吞赈灾款粮等更是层出不穷。

晚清对外卖国求存,奴颜事敌,而国内纲纪松弛,官吏贪污受贿,渎职无为,不本公道而循私,不凭信义而事诡,腐败透顶。是以上天厌其德,下民倦其治,民怨四起,怨声载道,最终导致了清朝失去民心。而满汉分治、对汉民的歧视政策更使民众离心离德。

中华民族是以汉族为主体的民族大家庭,以中原王朝为正统,清朝统治者被视为异族。虽然是大一统王朝,但清朝是满人政权,满人不劳动,却拥有不劳而获的特权,政府每月发放养赡银,更加导致绝大部分民众不认同清廷。而清廷也在各方面"满化中国",强迫汉旗人蓄发留辫。为了防止沾染汉习,八旗制度不准汉旗人从事工商业,禁止汉旗人到满蒙经商。清廷实行严格的地域封禁,在各地以"满城"为区划,画地为牢。以成都为例:成都人吴好山的一首竹枝词道:"满城城在府西头,特为旗人发帑修。仿佛营规何日起,康熙五十七年秋。"嘉庆《成都县志》卷一载:"满城,在成都府城西,康熙五十七年四川巡抚年羹尧建筑。""满城自成一统,是一个相对封闭的地域空间,四周城墙,规定只能八旗人居住,禁止民人入内,可谓满城成了与世隔绝的'铁笼子'。"①成都设防之后,满人越来越多了。对此,满蒙后裔刘显之在其所编著的《成都满蒙族史略》里记载:"康熙六十年来川驻防的旗兵,满蒙户口二千余户,人丁五千余。……光绪三十年将军绰哈布查核册籍,实有户数五千一百余户,男子一万二千余名,女子九千余名。"这些居住在成都"满城"的人口由满洲、蒙古八旗构成。他们代代都靠粮饷生活,不能搞其他生产,被束缚于狭小的天地内。旗人与汉人,彼此界限分明。

清朝一直实行"满汉大防"国策,禁止满汉通婚,严重歧视汉旗人。禁止汉旗人掌握朝廷大权,对汉旗人不信任。汉旗人见满旗人必须叫"爷、主子",汉旗人只能自称"奴才"。人们觉得,大清是满旗人的大清,不是汉旗人的大清。

钱穆先生在《中国历代政治得失》中指出:清代的政治体制是满汉分治的部族政权,汉族在这个体制中是受到很大限制的。以乾隆年间为列,军机处的领班大臣禁止汉旗人担任。张廷玉在雍正时期担任过领班大臣,但是在乾隆时期就没有机会担任。直到刘墉的父亲刘统勋,在满族人才青黄不接的时候,乾隆帝才开了禁令,让刘统勋做了领班。

再如,李鸿章虽做了那么多贡献,但他一生都没有进入军机处。正是这种对汉族士大夫相对封闭的政权组织模式,导致了士大夫对清政府的认同度不高。

1851年初,洪秀全在广西桂平金田起义,建立与清朝对峙的政权。正当太平天国起义如火如荼之时,英法列强于1856年秋发动了第二次鸦片战争。

1900年6月,八国联军攻破天津大沽口炮台。消息传到北京后,6月21日清政府被迫宣战。在北京,义和团向东交民巷的外国使馆发起猛烈进攻,烧毁比、奥、荷、意四国使馆。清政府并没有真正抵抗的决心,慈禧太后很快就下令停止攻击使馆,继而派人给使馆送去米面、蔬菜、瓜果等物品。8月,

---

① 章夫:"城中之城 与外界隔绝的'铁笼子'",《魅力成都网》,2019年7月2日。

八国联军攻陷北京，慈禧太后带着光绪皇帝仓皇出逃，罔顾百姓死活。据史料记载，那时北京城的老百姓对朝廷的失败表现出一种冷漠旁观的态度，一些人甚至还为侵略军服务。

那时中国社会普遍流传这样一个民谣："百姓怕官，官怕朝廷，朝廷怕洋人，洋人怕百姓。"可以看出当时官民之间紧张的关系。1901 年 9 月 7 日，清政府被迫签订《辛丑条约》，中国彻底沦为半殖民地半封建社会。清政府保证严禁中国人民参加反帝活动，完全成为帝国主义统治中国的工具，对外国侵略者唯命是从，成了列强的忠实走狗。此后，清政府被称为"洋人的朝廷"。

这时，革命党人在孙中山领导下已经发展壮大起来，其影响力已经深入到了各种社会团体、各地的学校与军队中，广大知识界和民众都转而支持革命党。由此，一场疾风骤雨般的辛亥革命到来了。

19 世纪末，由于清朝腐败不堪和资本主义列强侵略的深入，尤其是中日甲午战争的失败，使中国陷入严重的民族危机，中国一些先进的知识分子纷纷探求救亡图存的办法。随着资本主义经济在中国的发展和西方政治思想学说的传播，代表新兴资产阶级的政治势力开始登上中国的政治舞台。以孙中山为首的一批志士仁人首先选择革命救国的道路。越来越多的人开始认识到，要救中国，必须推翻清政府。

1904 年秋，孙中山在美国发表的英文著作《中国问题的真解决》，其中旗帜鲜明地提出：中国未来新生的共和国当以"中华民国"为国号；只有"把过时的满清君主政体改变为'中华民国'才能真正解决中国问题"。正是在孙中山建立"中华民国"的感召下，无数志士仁人迸发出极大的爱国热情。在孙中山和黄兴的联合倡导下，流亡到日本的革命党人于 1905 年 8 月，在日本东京成立"中国同盟会"，提出"驱除鞑虏，恢复中华，创立民国，平均地权"的16 字纲领。

1906 年 12 月 2 日，孙中山在东京演讲《三民主义与中国民族前途》中，正式提出了民族主义、民权主义和民生主义的"三民主义"主张。这是孙中山所倡导的民主革命纲领,是其民主思想的精髓和高度概括。所谓"民族",就是"驱除鞑虏,恢复中华""反满排皇""五族平等",团结国内各民族,内促全国民族之进化,外以谋世界民族之平等。而民族主义的重要内涵在于民族的精神,即"忠孝、仁爱、信义、和平"。所谓"民权",按孙中山的解释,就是人民的政治力量。政,就是众人的事;治,就是管理,管理众人的便是政治。今以人民管理政事,便叫作民权。它既学习西方民主制度,又吸取了儒家传统文化中的"大道之行也,天下为公","天下,非一人之天下也,天下人之天下也"。所谓"民生",就是人民的生活,社会的生存,国家的生计,群众的生命。所谓忠孝,按孙中山的解释,就是不忠于君,要忠于国,忠于民,要为四万万人去效忠。

这是一个风云激荡的年代。

清末政府,迂腐恣于朝,蒙昧肆于政,残酷遍于野。古老的华夏大地正期待着一场狂风暴雨,荡涤所有的腐朽和丑恶,让这个拖着辫子近三百年的大清重获新生,跟上世界的步伐。资产阶级革命派的骨干是一批资产阶级、小资产阶级知识分子。这个群体的出现与戊戌维新运动及20世纪初清政府兴学堂、派留学生的措施有关,仅中国留日学生最多时达万人。他们更多地接触了西方的政治思想,而且对世界大势与国内民族危机有了更敏锐的认识。这些青年知识分子,成为辛亥革命时期的中坚力量。

从1906年起,同盟会主要在西南地区发动了十余次起义,包括广州起义、惠州起义、萍浏醴起义、黄冈起义、七女湖起义、防城起义、安庆起义、镇南关起义、马笃山起义、河口起义、广州新军起义和黄花岗起义,试图推翻清政府。革命党人前仆后继,壮怀激烈,蹈死不顾,成仁成义,使反清革命如火如荼。但由于缺乏充分的群众基础,发难条件不够成熟,以及领导不力等,起义都以失败告终。

这是一个崇尚个人忠义和英雄主义的年代。

　　中国传统上是人治社会,通过士人阶层这个载体来实现道德治国的理想,被称作"贤人政治",这是讲仁义道德的王道文化。儒家的文化理想表达的是平民的愿望,因而总是寄望于圣贤将它付诸实现。但是任用"贤人"的官僚政治模式发展到了清末,已是"三年清知府,十万雪花银"的腐败吏治,甚至已经发展到了"蟥蛹仅食禾稼,胥役累及身家"的程度。① 传统贤人价值取向的失落,很自然地对这种传统产生一种叛逆和对抗的情绪。

　　处在清末新旧社会转型时期的那一代人,儿时启蒙为中国传统文化教育,聆听着诸葛亮、辛弃疾、文天祥、岳飞等英雄的故事长大。他们同样具有家国情怀和君子人格,对国家有深沉的责任感和使命感,认为家国一体,个人前途与国家命运息息相关。他们对国家的认同感一旦丧失,则群起而反抗之。

　　1902 年冬,留日学生杨毓麟在《新湖南》撰文说,推翻清廷"非隆隆炸弹,不足以惊其入梦之游魂;非霍霍刀光,不足以刮其沁心之铜臭"②。其他一些人也纷纷赞同用"鼓吹、起义,暗杀"的方式进行革命。黄兴早年在日本留学时,就是"国民教育会"的暗杀团成员;汪精卫也是"暗杀主义"的代表;向来以温和著称的宋教仁、文质彬彬的蔡元培也认为"革命止有两途:一是暴动,二是暗杀"。此外,章太炎、秋瑾、陈天华、陶成章等都不同程度地赞同暗杀。

　　"清王朝是依靠集权制而建立起的寡头政治,那么去除寡头及其代言人——地方官吏就可以改变原来政治黑暗的状况。正是这种传统的复归促成了以个体对个体,以勇者对人治的暗杀行为。基于对现实的不满,想要推翻现存政权时,皇帝和贤人官吏们首当其冲地成为所袭杀的目标。"③于是,

――――――――

　　① 欧阳恩良、孙树文:"二十世纪初爱国志士们的思维特征与思想误区——从'瓜分中国之原动力'谈起",《邵阳师专学报》,1998 年第 3 期。
　　② 高华:"同盟会的'暗杀时代'",《文史精华》,2010 年第 4 期。
　　③ 牛贯杰:"试论清末革命党人政治暗杀活动的文化根源",《燕山大学学报》(哲学社会科学版),2002 年第 4 期。

就出现了同盟会"暗杀团"屡刺清吏的行动,爆裂弹,五子枪,一声冲天吼,枪响弹爆处,五步见伏尸,以好汉热血铸民国。

革命党人的政治暗杀作为反清暴力斗争的一种特殊方式,孙中山是赞成的。"暗杀手段简捷,而其收效神速。以一爆裂弹,一手枪,一匕首,已足以走万乘君,破千金产。"①所以,他们宁愿铤而走险,以炸弹之声唤醒国人,砥砺士气,吓倒敌人。这里有一个吴樾刺杀出洋五大臣的典型案例:

吴樾字孟侠,安徽桐城县高店人。1902年考入保定高等师范学堂读书,立志改革时弊。他在两江会馆办学传授新学,又主办《直隶白话报》,传播反清革命思想。数年之间,吴樾结识了许多好友,如陈天华、赵声、蔡元培、张榕、章太炎、秋瑾、陈独秀等人,一变而成为坚定不移的光复志士。吴樾在杨笃生介绍下加入"北方暗杀团",学习暗杀技巧,并由蔡元培介绍加入光复会。

吴樾在保定高等师范学堂毕业后,与张榕等人密议,入京行刺。他在安徽会馆租房住下,经常同北方暗杀团的同志研究如何开展革命活动。他决定把掌握清廷兵权的铁良作为主要暗杀对象。这期间,吴樾还把自己的革命思想随时记录下来,汇集成一篇万言书《暗杀时代》,表达了他为国锄奸、舍身取义的耿耿丹心。

1905年7月16日,清廷宣布立宪新政重要措施,慈禧太后派镇国公载泽、户部侍郎戴鸿慈、兵部侍郎徐世昌、湖南巡抚端方、商部右丞绍英等五大臣出国考察宪政。吴樾认为清廷此举乃是欺骗民意,怒不可遏,于是由刺杀铁良转而指向炸死五大臣。

9月24日上午,北京正阳门车站军警林立,岗哨密布。五大臣并仆从侍卫一行此时即将登车出发。一位穿戴着无顶红缨官服的年轻"仆从"从乱纷

---

① 王开玺:"清末革命党人政治暗杀活动六议",《徐州工程学院学报》(社会科学版),2018年第5期。

纷的送行人群中挤上了五大臣的包厢。"你是哪位大人的随从?"因这位"仆从"口音不同于北方话,引起了卫士的怀疑。"泽公爷府里的","仆从"应付道。恰好这个卫兵是载泽的侍卫,从没见过这个"仆从",即刻把他拦住,欲扭送他下车。"仆从"见此情状,忽然掏出怀中的撞针式炸弹,欲与五大臣同归于尽,不料此时恰逢火车的机车与车厢接轴,车身被撞得猝然后退,车上人均为之倾侧。"仆从"手中的炸弹未及掏出抛掷就自动引爆——轰然一声巨响,震动天地,弹片与血肉横飞。五大臣因距较远,绍英伤了右股,端方、戴鸿慈受了轻伤,亲贵大臣载泽在慌乱躲藏中碰破了头皮,徐世昌的官帽及鞋被弹片炸破,挤在包厢门口送行的官吏中也有人被炸伤。而刺客与紧靠着他的三名仆役被当场炸死。刺客的下半身已炸烂,肠腹进裂,手足皆被炸飞,面孔血肉模糊。车厢顶部也被炸开一个大洞。这就是震惊中外的刺杀出洋五大臣案,刺客正是吴樾。

革命党人、鉴湖女侠秋瑾闻讯,赋《吊吴烈士樾》,其中道:"皖中志士名吴樾,百炼钢肠如火烈……爆裂同拼歼贼臣,男儿爱国已忘身……前赴后继人应在,如君不愧轩辕孙。"

在辛亥革命时期的 10 年时间里,同盟会革命党人掀起了一股极端的"个人英雄主义"之风,暗杀事件影响较大的不下 19 起,集中发生在广州和北京南北两个中心城市。侠者举事,一吼冲天,志在必成。他们奉行"十步之内,剑花弹雨,浴血相望,入驾万乘,杀之有如屠狗"①。徐锡麟刺杀安徽巡抚恩铭,汪精卫谋炸摄政王载沣,温生才以手枪击毙广州将军孚琦;林冠慈刺杀广东水师提督李准,李沛基刺杀广州将军凤山……暗杀团员们上演了一桩桩暗杀清廷官员的惊人壮举! 留下一个个动人心魄、悲壮千古的故事。

革命党人情愿"誓捐一死,以少尽力于我同类,而剪除一仇敌。为民请

---

① 涂明凤、刘小玲:"清政府预备立宪败因探析——以暴力革命与和平革命冲突为视角",《理论月刊》,2008 年第 8 期。

命,而宏大汉之声"①。革命党人决绝的意志,壮烈的行为,影响了千百万反清志士的斗志。他们为建立中华民国所进行的英勇斗争,用青春的生命和沸腾的热血,向时代、向后人诠释了什么是爱国,什么是忠孝,什么是生得其义、死得其所。正是革命党人那种"大丈夫不稍短气"的革命牺牲精神和他们的热血铸就成了中华民国。

同盟会的革命党人,他们不少人喝了洋墨水、接受了新文化,但千百年来世代传承的忠孝节义没有丢,这是融入中华民族骨子里、血液中的灵魂。

1911 年 4 月 27 日,黄兴等人发动广州起义,即黄花岗起义。这次起议前,在日本留学的革命党林觉民得知后,立刻决定回国参加起义。林觉民生于 1887 年,福建侯官人。18 岁时与 17 岁的陈意映结婚。1911 年 4 月 9 日,林觉民才回国几天就告别了家人,秘密带着临时组织起来的"敢死队"20 余人,从马尾登船驰往香港集结。"4 月 23 日,林觉民随黄兴从香港潜入广州主持起义工作。起义前的一个夜晚,林觉民想起远在福州的父母妻子,辗转反侧中写下了两封诀别书:一封给父亲的《禀父书》,一封给妻子的《与妻书》。次日,他拿着书信嘱托友人说,'我死,幸为转达!'"②

4 月 27 日,起义因发生意外而提前发动。在激烈的巷战中,林觉民受伤力尽被俘。5 月 3 日,林觉民和其他 71 人在广州天字码头被枪杀,年仅 24 岁。这就是"黄花岗起义"72 烈士。"是役也,碧血横飞,浩气四塞,草木为之含悲,风云因而变色,全国久蛰之人心,乃大兴奋,怨愤所积,如怒涛排壑,不可遏抑,不半载而武昌之大革命以成。则斯役之价值,直可惊天地、泣鬼神,与武昌革命之役并寿。"③

林觉民的妻子陈意映收到了革命党人辗转送来的一个小包裹,打开来

---

① 牛贯杰:"试论清末革命党人政治暗杀活动的文化根源",《燕山大学学报》(哲学社会科学版),2002 年第 4 期。

② 黄妍:"百年情书典范:福州名人林觉民缠绵绝笔信",《东南快报》,2015 年 1 月 18 日。

③

看，正是林觉民写下的两封遗书。《与妻书》写道："意映卿卿如晤：吾今以此书与汝永别矣！吾作此书时，尚为世中一人，汝看此书时，吾已成为阴间一鬼！吾作此书，泪珠和笔墨齐下，不能竟书而欲搁笔，又恐汝不察吾衷，谓吾忍舍汝而死，谓吾不知汝之不欲吾死也，故遂忍悲为汝言之。吾至爱汝，即此爱汝一念，使吾勇于就死也。……语云'仁者，老吾老，以及人之老；幼吾幼，以及人之幼。'吾充吾爱汝之心，助天下人爱其所爱，所以敢先汝而死，不顾汝也。汝体吾此心，于啼泣之余，亦以天下人为念，当亦乐牺牲吾身与汝身之福利，为天下人谋永福也。汝其勿悲！"

一封绝笔信，千古家国情！《与妻书》情动天下，让无数后人感动得落泪，为这位忠孝了民族大义、舍弃个人生命的英雄落泪。林觉民深具传统儒家道德的家国情怀，对处于水深火热中的祖国有着深沉的爱。他是为了他心目中的"中华民国"而尽忠！这正是儒家传统道德的忠孝观念、家国情怀在他心中的反映，这是浩荡国风的大孝！

"辛亥革命并不因其在政治上的失败而使思想文化和意识形态领域的成就销声匿迹。在这方面的革新与变化是十分显著的。它使中华民族的传统观念在新的形势下得到锻炼与再造，其中有些成为此后 40 年间中国人民战胜并驱逐外来侵略势力。推翻封建主义统治，建设独立、富强和民主国家的重要精神支柱及力量源泉。"[1]

就在林觉民等黄花岗 72 烈士牺牲五个月后，1911 年 10 月 10 日晚，震惊天下的武昌起义爆发。新军的革命党人打响了武昌起义的第一枪。孙中山在美国得知武昌起义消息后，于 12 月下旬急速回国。

武昌起义犹如霹雳震撼中华大地，震撼了清廷，震醒了国人。南方各省军民已经动员起来准备北伐，推翻北京的清朝政府。在校学生组织北伐团；

---

① 陈国庆："论辛亥革命与传统观念的演变"，《西北大学学报》(哲学社会科学版)，1991 年第 3 期。

社会各界各团体积极行动,纷纷捐款捐物,做了大批棉衣以备北伐军御寒;上海督军陈其美拨出大宗银两支援北伐;就连梨园名角、楚馆歌妓也浣粉洗脂,不甘落后,组织北伐队、女子精武队,要去做英雄。推翻清朝政府已是人心所向。

北方推倒清政府的浪潮亦是一浪高过一浪。各省革命党人纷纷发动新军、会党或商会起义;本来反对革命的各地立宪派绅商,这时也顺风驶舵,转向共和,把他们控制的省咨议局变为鼓动独立的机关;清政府的大吏有的弃职逃命,有的被迫表示拥护独立。"满清的灭亡,不是革命军以军力打倒的,是清朝自己瓦解的。……我们这个古老的帝国,忽然变为民国了。"实业家张謇慨叹道:"自古迄今,丧国未有若是之易者也。"①

1911 年 12 月 29 日,17 省代表在南京选举临时大总统,每省一票,孙中山以 16 票当选,黎元洪当选为副总统。1912 年元旦,中华民国临时政府在南京成立,孙中山宣誓就职。

三、辛亥鼎革,最后的忠君者落寞消亡

辛亥鼎革之际,改朝换代,清廷官员、各省督抚又何以自处呢?

时人将太平军攻破武昌时官绅效忠清廷的情形,与武昌起义后效忠清朝者各自奔逃的现象相对照:"咸丰壬子武昌之失,抚臣而下司道府县全城殉难,绅民之死者更不可数计。此无他,将吏知死官之义,士民报作育之隆。由死节之多,即可决恢复之易。今武昌之陷,奔逃选报,殉节罕闻。此我国之大耻也。"②这里所言"咸丰壬子"指的是咸丰二年,即公元 1852 年,太平军首次攻破武昌城的情况。当时清廷抚臣、司道府县全城殉难,绅民之死者更不可数计。这尽管有些夸张,但有一点是不能否认的,即当时不少人忠孝节

---

① 陈国庆:"论辛亥革命与传统观念的演变",《西北大学学报》(哲学社会科学版),1991 年第 3 期。

② 中国史学会主编:《辛亥革命》(五),上海人民出版社,1957 年版,第 428 页。

义观念还很浓厚。

　　然而至武昌起义之时,前后不过 50 余年,在同一地点发生了同样的事件,竟然是"奔逃迭报,殉节罕闻"。他们的传统忠孝观念哪里去了? 可见,他们认为这个朝廷是不值得尽忠的。不仅如此,"武昌起义爆发后,46 名北洋将领联名诉求'立定共和',否则将'率全军将士入京,与王公剖陈利害'。驻扎各地的满洲旗营部队也较少进行抵抗,大都很快瓦解"①。"明朝的灭亡是征战的失败,清朝的灭亡完全是内部的崩溃。在中央,内阁总理大臣袁世凯绝对不忠于清朝;在地方,广西巡抚沈秉堃、安徽巡抚朱家宝、江苏巡抚程德金等人是主动革命的;作为清朝统治机器一部分的各省咨议局,普遍地同情或参加革命,许多人就是地方反清革命的组织者和领导人;作为清朝统治机器最重要部分的军队多有反叛,尤其是新军,在镇(师)、协(旅)两级的高级军官中,忠清和殉清的几乎没有,叛清的却大有人在。"②

　　清末许多官员与士人之所以不再忠清,是受到了种族革命思想的影响,不愿意为满族效忠。张謇、严修、蔡元培、叶昌炽、张之洞、徐世昌,以及张百熙等人都是两榜进士、翰林出身,他们代表着那个时代学术的主流,其思想影响力最大,晚清的思想革命正是起于他们倡导的近代教育。"清末新式学堂的师生普遍地反清或同情政治革命;与清末新式教育相联系的海军与陆军(新军)也有相当大比例的军官反清或同情革命;清末出现的新式媒体报馆、出版机构的从业人员亦多有倾向或同情政治革命者。更为明显的现象是,清朝的官员,尤其是中央政府的官员,后来大多成了民国的官员。北京政府似乎只是换了一块招牌,内部人员没有太多的变化,外交部和海军部尤其如此。"③

　　对于清朝的灭亡,老百姓表现如何呢? 就像老舍先生在《茶馆》一书中

---

①　李细珠:"辛亥鼎革之际地方督抚的出处抉择",《近代史研究》,2012 年第 3 期。
②　茅海建:"清朝的灭亡与明朝为什么不一样",《澎湃新闻》,2016 年 1 月。
③　茅海建:"清朝的灭亡与明朝为什么不一样",《澎湃新闻》,2016 年 1 月。

说的一样,老百姓跟往常一样喝茶、听相声,见了面就呲着大牙道:"这位爷,听说了吗? 皇上退位了!""嗨,你才知道啊,我告诉你,打上个月我就知道了,我一哥们在宫里边当差,早跟我说了……"对大清朝的垮台,老百姓说来是嘻嘻哈哈,这说明大清不是老百姓的大清,那是坏透了的朝廷的大清,倒了也罢。

长期以来,学界有关辛亥革命史研究的论著,也多判断各省督抚与清廷离心离德而少有效忠清王朝者,但并不是没有,而且还不少,他们是最后的"忠君"者。中国社会科学院近代史研究所研究员李细珠说:"其实,真正转向革命阵营或死命对抗革命的督抚只是极少数,大多数督抚还是存效忠清廷之心的。虽然因无法控制新军及当地绅商不肯合作,而不能有效地镇压革命,但他们并不愿看到清王朝的覆灭,还是采取了不同程度的防范应对措施。这既与其切身利益有关,也与其传统忠孝观念有关。"①

武昌起义以后,当时,清代政区除了蒙古、西藏等边疆地区以外,有22行省,共18个总督25个巡抚,共43人。具体统计如表1。②

表1　武昌起义以后地方督抚总体人数统计表

类别	省别及人数													合计
总督	直隶	两江	陕甘	闽浙	湖广	两广	四川	云贵	东三省					18
	2	2	1	6	2	3	1	1						
巡抚	江苏	安徽	山东	山西	河南	陕西	新疆	浙江	江西	湖南	广西	贵州	吉林	黑龙江	25
	1	2	3	4	2	3	1	1	1	1	1	1	1	2	
总计	43													

据李细珠考察,武昌起义时有弃城革职者2人:湖广总督瑞澂与湖南巡抚余诚格;在革命光复之后自动去职的督抚有5位:护理陕西巡抚钱能训、云

---

① 李细珠:"辛亥鼎革之际地方督抚的出处抉择",《近代史研究》,2012年第3期。
② 参见李细珠:"辛亥鼎革之际地方督抚的出处抉择",《近代史研究》,2012年第3期。

贵总督李经羲、贵州巡抚沈瑜庆、浙江巡抚增韫和两广总督张鸣岐；由清朝巡抚摇身一变成为革命军都督者有 3 位：江苏巡抚程德全、广西巡抚沈秉堃和安徽巡抚朱家宝；被革命军杀死的督抚有 2 位：山西巡抚陆钟琦和署理四川总督赵尔丰；托病奏请开缺，而被清廷允准解职的督抚有 6 位：陕西巡抚杨文鼎、河南巡抚宝棻、山东巡抚孙宝琦、两江总督张人骏、直隶总督陈夔龙、黑龙江巡抚周树模；清帝退位后去职者有 4 位：东三省总督赵尔巽、吉林巡抚陈昭常、陕甘总督长庚、新疆巡抚袁大化；光复后自杀的督抚有 2 位：江西巡抚冯汝骙和闽浙总督松寿。①

大多数督抚不是不想维护大清王朝，而是力不从心。原因之一是清末新政过程中，清廷不断收束权力，中央与地方权威一并流失，中央无法控制地方，地方无力效忠中央，无法有效地应对突然爆发的革命，致使清王朝走向覆亡之路。

清末督抚如何在民国立身处世呢？自古以来，改朝易代之际，到底做忠臣还是贰臣，是对前朝官僚的严峻考验。"辛亥鼎革，中国从传统君主专制国家跃进到民主共和国，与此前各期单纯的改朝易代稍有不同，因为其时政治体制从传统向近代转型，尚寓含不可逆转的进步因素。那么，忠于前清的遗老气节固然可嘉，但却不得不背负着抗拒进步的顽固保守的恶谥而热情拥抱民国的出仕者，或许可以获得顺应潮流、与时俱进的美名，但其人格气节均不无疑点。"②

有的前清督抚成了民国政要。武昌起义后新任督抚则有不少为袁世凯系的军人与政客，进入民国后，自然追随袁世凯而决定其进止。然而，在进入民国的督抚中，亦有不任民国官职，而仍忠于清朝的旧官僚，他们被称为"逊清遗老"。

---

① 参见李细珠："辛亥鼎革之际地方督抚的出处抉择"，《近代史研究》，2012 年第 3 期。
② 李细珠："辛亥鼎革之际地方督抚的出处抉择"，《近代史研究》，2012 年第 3 期。

学者李细珠对此评论道,武昌起义时在职督抚旗人与出身进士、举人高级学衔者相对较多,旗人出于族群认同关系,或殉难或为遗老。进士、举人出身者深受儒家传统忠君观念影响,也多为遗老。这些遗老中仍旧有人孝忠清廷,例如:武昌起义后,袁世凯诱劝直隶总督北洋大臣陈夔龙趋向共和,陈不为所动,反而讥笑岑春煊赞成共和乃"臣节不终"。清帝逊位后,陈夔龙先在天津养病,随后寓居上海,筑花近楼,结逸社,闭门却埽,万事不关。沈曾植、陈三立、章梫这类遗老顾恋国恩,偷活劫烬地生活。

据李细珠粗略统计,在辛亥鼎革之际,效忠清王朝的督抚大约在60%左右。恶督张勋、张镇芳、赵尔巽、周树模更是清朝"忠臣"的代表,就连去世之后的"行状""墓志铭"均署清朝官职或谥号。

爱新觉罗良弼,满洲镶黄旗人,清末大臣,他与铁良等被称为"清季干将"。武昌起义后,坚决主张镇压。1912年1月与溥伟等皇族成员组织"宗社党",反对与革命军议和,反对清帝退位。1912年1月26日(腊月初八),被四川籍革命党人彭家珍用炸弹炸死。

不殉节不代表心中不忠于大清朝。许多清遗民选择旅居租界,不仅能获得人身安全保障、免受革命党迫害,还可以继续保留发辫、使用宣统纪年等,因此辛亥革命时,各省士绅皆避乱于上海。革命党反对君国,于外国则不敢犯。都市遗民多以租界为隐身之所,首先是由政治鼎革之下自身政治立场所致。寄身于民国政权难以企及的租界,能表达自身与民国为敌的政治心态。

清朝灭亡后,在中国实行了两千多年的帝制终于结束了,但是很多人无法从帝制的阴影里走出来,依旧对帝制充满了留恋之情。金梁是"胜朝遗民"之中的典型人物。金梁生于1878年,满州正白旗人,光绪甲辰科进士,历职京师大学堂、警务司、奉天旗务司兼内务府事。他因忠清而未仕民国,避居大连。1913年后的两年里在张作霖府任教席,撰写《务本篇》(翌年修订,改名《德量篇》),采经史体例,分忠、孝、节、义四纲。1909年1月,金梁编撰《瓜尔佳氏忠孝节义合传》,记一门忠烈事迹。1923 年冬,金梁参与了增补、再刊吴庆坻撰《辛亥殉难记》,修订辛亥殉难者以表彰忠烈。"他所增补内容多为八旗驻防死难与死节,关联着家史、族群的历史。岳父文荣辛亥时任云骑尉,所部未抵抗即被革命军缴械,文荣投水而死。胞侄熊文亦在交战时负伤,几及身死。他在《重印辛亥殉难记跋》中,提及伯父蔼如公巷战阵亡,尸不可得。伯祖观续公、竟成公先后阵亡,从伯父文瑞公、从叔父彬瑞公、先叔父云瑞公皆同殉难。"①金梁又辑杭州驻防殉难录,再增西安、江宁、京口、荆州、福州、广州等驻防清军死难事迹。1931 年九一八事变后,金梁因不愿与日本人合作,寓居天津。

志在不食民国之粟的清遗民,因租界不在民国政府治下,许多人便选择到租界做遗老。黄河以南的封疆大吏到上海的比较多,清廷皇室近臣、满族、蒙古族官员和黄河以北的地方大员到天津的比较多,也有一些人到了青岛。

大清朝灭亡是无可避免的,正所谓"无可奈何花落去"。寓居租界的遗老们,闲时作诗钟之会,又或共游港澳胜景,寄情山水,以遣对故朝之思。他们觉得这样做于大清朝廷无所负,这种片面的"忠君"观念随着时间流失而消磨殆尽了。

第二节　民国肇始,新思想、旧道德的融合与对立

一、融合中西——孙中山的忠孝观

中华民国的缔造者孙中山有鉴于晚清以来国势衰弱、国人道德沦丧,主张恢复固有的旧道德,振奋民族精神,以振兴国家。"孙中山对中国传统文

---

①　沈洁:"名物·文化·'国故'与'故国'——金梁在 1919",《文汇报》,2019 年 12 月 6 日。

化的扬弃,主要表现在对固有智能、固有道德、民本思想以及大同思想的改造和吸收,凡利国、利民者则扬之,否则就弃之,并赋予其崭新的时代内容。"①但是国民缺乏民主训练,政府亦缺乏权威,旧的政治道德、人伦道德受到严重冲击,社会混乱,廉耻道丧,官私方面都深感重构国民道德之必要。

所谓人伦道德受到严重冲击,主要是说当时社会中"孝道"的沦丧。虞和平教授指出:"在中国传统孝文化的发展历程中,由于国体的改变,思想意识的细化,以忠孝为首的中国传统道德曾受到严重冲击,文化界和学术界一些先锋人物曾一度批评孝道,但总体上来看,整个民国时期仍在传承孝道,并朝着理性化和公益化的方向转变,也出现了一些功能异化的现象。"②

孙中山的"孝道"伦理实践起到了榜样的作用。他非常热爱中国传统文化,他在家庭中,在社会上,在他职业革命的生涯中,做到了忠孝博爱,他的君子人格,他的家国情怀都不失为国人的典范。

孙中山,名文,1866 年 11 月 12 日生于广东省香山县翠亨村的农民家庭。其父孙达成,靠佃耕为业,勤劳忠厚,性情耿直,不贪半点不义之财。33岁时与邻村崖口乡 18 岁的杨可卿结婚。杨氏温雅端庄,勤劳善良,缠着一双小脚,每天操持家务,辛苦备至。杨氏生育的子女中成人者仅二男二女:孙眉、孙文、妙茜、绮秋。孙中山六岁时就跟随姐姐妙茜上山砍柴、放牛,去塘边捞水草喂猪,九岁才入读村塾。后来,孙中山在《复翟理斯函》中云:幼读儒书,十二岁毕经业。他实龄十二岁半时,随口就能念出《书经》中《五子之歌》来讽刺澳门的赌档、花船、妓女户等不良现象。歌曰:内作色荒,外作禽荒;甘酒嗜音,峻宇雕墙;有一于此,未或不亡。可见,孙先生是读着四书五经长大的。

1885 年 4 月,父亲为约束孙中山,迫使他与邻村卢耀显之女卢慕贞结

---

① 王国宇:"孙中山对中国传统文化的扬弃",《衡阳师专学报》,1995 年第 4 期。
② 虞和平:"民园时期孝文化的传承与文化",http:"news. nbut. cn/Info/"1002/3976. htm。

婚。婚后数年,孙中山先后在南华医学堂、香港西医书院学医。其间受洗入耶教。耶教的信条之一是在上帝面前人人平等,他因而产生了"博爱"的信念。1892 年 7 月,孙中山在香港西医书院毕业,先后在澳门、石岐、广州以西医医术济世。他不辞劳苦,对患者有求必应,得到了广大病患者的爱戴。

孙中山的"博爱"思想与中国传统文化中的博爱思想是吻合的。"博爱"其实就是孔子、孟子提倡的"仁爱"和"亲亲而仁民"思想,也是中华孝道中"推恩及人"的重要内容。正像孟子所说,"古之人所以大过人者,无他焉,善推其所为而已矣"《孟子·梁惠王》。孙中山的思想走的是一条融合中西、兼收众长、综合创新的道路。

在行医期间,孙中山尽管很忙碌,但总要抽出时间回家探母,买些母亲喜欢的礼物,到母亲床前嘘寒问暖,讲讲外面的事情,听听母亲絮叨絮叨家事。然而,母亲并不知道,她的儿子孙中山已经是许身反清革命、立志建立新中华的先行者。这时候,孙眉在美国经营大型牧场已经发迹,成为当地有名的华侨资本家,侨汇源源不断地寄往家中,孙家开始步入小康生活。然而,天不假年,1888 年 3 月上旬,父亲孙达成病危。孙眉赶回老家侍奉;孙中山也回家在父亲病塌前亲奉汤药,早夕相伴,极尽人子之孝。3 月下旬孙达成病逝,享年 75 岁。

这时的中国的主权独立和领土完整不断遭到破坏,西方列强与中华民族的矛盾逐步激化。一些先进的知识分子开始了救亡图存的探索,洋务运动、维新变法运动、改良运动,在清政府和保守派的阻挠下最终以失败而告终。孙中山希望自己的改革策略能得到清政府的支持。1894 孙中山写了《上李鸿章万言书》,其中阐述了效法西方,发展工业、农业和商业,改革教育制度,使国家臻于富强的主张,但最终被李鸿章断然拒之。同年 10 月,孙中山在檀香山组建了以推翻清政府为目标的中国第一个资产阶级革命团体兴中会,树起反清革命的大旗,开始了他的革命生涯。

1895 年 10 月,孙中山领导的第一次广州起义失败,遭到清政府的通缉,老家的田产房屋也被清政府封没。孙中山逃到香港后,牵挂着家人,更担心老母,他委托陆皓东的侄子陆灿将母亲杨氏、妻子卢慕贞和孩子带到夏威夷,交给哥哥孙眉照管。母亲年事已高,因儿子革命而饱受磨难,背井离乡,孙中山为此心有不安,尤其对不能赡养尽孝而愧疚。

孙中山往返于美国纽约、檀香山,英国伦敦,加拿大的蒙特利尔、温哥华,日本的东京、长崎、横滨等地,在华侨中进行革命宣传,募集款项,购买枪支弹药,在国内发动武装起义。起义一次又一次地失败,清政府悬赏捉拿孙中山的赏银亦一次次地增加,最后竟达到了十万元。

1905年,孙中山在东京组建了"中国同盟会",纲领是"驱除鞑虏,恢复中华,建立民国,平均地权"。得到了资产阶级各团体的认可,也预示着中国近代社会革命的正式开始。

孙中山一家因捐助革命,荡尽家财致贫。孙眉不得已于1907年带领母亲及全家迁居香港九龙避难,一家人过着清贫的生活。1910年2月,孙中山的母亲病危。当年腰缠万贯的孙眉把全部家当捐献给了反清革命,此时已无力为母亲治病,不得已从香港致电正在檀香山为革命筹款的孙中山,希望胞弟马上汇款接济。4月26日,孙中山写信给侄子孙昌,称已寄上500元银行汇票,命他收款后立刻返港侍奉祖母。正在为辛亥革命做筹备工作的孙中山无暇顾及家庭,他牵挂着母亲的病情,只能以一封封的书信寄托对母亲和家人的思念与牵挂。7月上旬,孙中山赴同盟会南洋支部开会,专门途经香港去看望母亲,可他是清政府通缉的要犯,香港禁止他登岸入境。不得已,他只好请人把已双目失明的母亲接到船上相见,母亲看不见儿子,就用手摸儿子,从头摸到脚!孙中山难抑对母亲的愧疚,泪流不止——这竟然是母子的最后一面!

7月19日,杨太夫人在香港九龙病逝。接到母亲去世的噩耗,孙中山悲痛万分。他无法去香港奔丧,只好委托在香港的同志罗延年协助孙眉料理母亲丧事。孙眉家里贫穷得无钱为母购棺,故乡又回不去,愁苦万分。是南洋的革命党人汇来募款千元,孙眉这才将母亲安葬在新界西贡濠涌白花林。运筹革命大业的孙中山没能回香港安葬母亲,这给他留下了永久的痛。

1912 年 5 月,已经辞去中华民国临时大总统的孙中山回到了阔别 17 年的家乡翠亨村。他一直感愧于因他兄弟俩反清革命而遭受牵连的乡亲。当天晚上,他与兄长孙眉宴请了翠亨及石门九堡 60 岁以上的老人。孙中山和大哥先后登台讲话,感谢乡亲父老对革命的支持,并对受清政府迫害的乡亲表示衷心的慰问。孙中山深情地说:"我离别九堡几十年了,这几十年,九堡父老民众为我兄弟二人受了不少苦,如徐贵坐监七八年。我们的乡里将来也是要建设好的,我们将来要为九堡做些事业的⋯⋯"①

在孙中山的思想中,中国传统文化占据了重要位置。1921 年,孙中山在会见共产国际代表马林时说:"马克思主义里面没有什么新的东西,中国的经典学说早在两千年前就都已经说过了。""中国有一道统,尧、舜、禹、汤、文武周公和孔子相继不绝。我的思想基础就是这个道统,我的革命就是继承这个正统思想而发扬光大。"他在其最重要的著作《三民主义》《五权宪法》中阐发了以三民主义为核心的学说,而该学说主要是通过引用儒家思想而得以构建的。

1924 年,孙中山在广州高等师范学校礼堂演讲三民主义,至 8 月 24 日之后,作了 16 次讲演以阐发三民主义,由黄昌谷全程速记、翻译。这是孙中山一生宣讲三民主义的最后的篇章。孙中山在演讲"三民主义"之"民族主义"中,系统阐述了中华民族的传统美德,他认为忠孝、仁爱、信义、和平,是我们民族固有的道德。他将恢复我们民族固有的道德作为恢复民族固有地位的前提,他把古代传统的道德规范赋予资产阶级民主主义的新内容,成为其三民主义思想体系的组成部分。

孙中山在解释忠孝思想时说:"我们做一件事总要始终不渝做到成功。

---

① 沈飞德:"细说孙中山家族",《新民晚报》,2016 年 8 月 19 日。

如果做不成功就是把性命去牺牲亦所不惜,这便是忠。""我们在民国之内,照道理上说,还是要尽忠,不忠于君,要忠于国,要忠于民,要为四万万人去效忠。为四万万人效忠,比较为一人效忠,自然是高尚得多。故忠字的好道德还是要保存。""讲到孝字,我们中国尤为特长,尤其比各国进步得多。《孝经》所讲孝字,几乎无所不包,无所不至。现在世界中最文明的国家讲到孝字,还没有像中国讲到这么完全。所以孝字更是不能不要的。国民在民国之内,要能够把忠孝二字讲到极点,国家便自然可以强盛。"

孙中山在演讲中对于"仁爱"评价道:"仁爱也是中国的好道德。古时最讲爱字的莫过于墨子。墨子所讲的'兼爱',与耶稣所讲的'博爱'是一样的。古时在政治一方面所讲爱的道理,有所谓爱民如子,有所谓仁民爱物,无论对于什么事,都是用爱字去包括。""中西交通之后,外国人在中国设立学校,开办医院,做了一些慈善工作。"①孙中山认为这些也是实行仁爱,但他批评那种认为中国人讲仁爱不如外国人的观点,认为仁爱还是中国的旧道德,把仁爱恢复起来,再去发扬光大,便是中国固有的精神。

孙中山先生在孝道伦理上身体力行,由于从事反清革命,他在家的时间很少,他把对父母的孝心献给了劳苦大众。他的忠孝博爱、廉洁奉公也成为影响社会大众最为深远的品质之一。孙中山先生为近代中国的民族独立、民主自由、民生幸福无私奉献了一生,他的慈孝观念与博爱济世情怀永远受到人们的敬仰。

二、忠孝为本,兼修西学,建构近代新道德

孙中山从 1912 年 1 月 1 日履职中华民国临时大总统,至 3 月去职,总计不过百日。

---

① 转引自杜焕英:"孙中山关于国共合作的心理场结构及其最终走向的影响",《山西高等学校社会科学学报》,2009 年第 7 期。

在 1912 年 1 月 22 日那天,孙中山曾经发表声明:"倘若清朝内阁总理大臣袁世凯能宣布赞成共和体制,将辞去临时大总统职位,并且推举袁世凯担任临时大总统。"2 月 12 日,袁世凯逼清帝逊位。这天,在紫禁城养心殿,隆裕太后接受了优待条件,在哭声中把《退位诏书》交给外务大臣胡为德等人发表。2 月 13 日,袁世凯声明赞成共和,孙中山履行承诺,江湖英雄般地毅然辞去临时大总统职务,让位给袁世凯。

那时候,应该说革命党人和国人对袁世凯是信任的,对他抱有很大期望。2 月 15 日,南京参议院选出袁世凯为第二届临时大总统。在袁世凯的坚决要求下,国府及南京临时参议院由南京迁到北京。3 月 10 日袁世凯在北京宣誓就职,各国公使也陆续承认中华民国。4 月 3 日孙中山离开总统府,从此,中国历史进入"中华民国北京政府"时期。因为袁世凯依靠的是他亲自训练的"北洋新军"军事集团来支撑政府,所以史学家又称其为"北洋政府"。

袁世凯是北方势力旧派人物,传统忠孝观念很强,是封建道德的坚守者。

袁世凯,字慰亭,1859 年生,河南省项城县人。袁家是项城袁寨村的一个官宦世家,袁世凯的父亲袁保中身为长子长孙,主持袁氏家族几十口人的家务。他一生没有出仕为官,仅以附贡生资格捐过同知,系地方豪绅。袁世凯是袁保中的小妾刘氏所生,在袁保中的四子中最小。袁世凯出生后,刘氏奶水不足,刚巧叔父袁保庆的夫人牛氏生子夭折,袁世凯便由她哺乳。袁保庆官至江宁盐法道,无子。袁保中就决定把袁世凯正式过继给袁保庆为嗣子,袁世凯由此得到嗣母牛氏的溺爱。

袁世凯既刁顽又聪敏,所以无论是生母刘氏、嗣母牛氏,或是庶母王氏、陈氏都喜爱他。嗣母牛氏生有两个女儿,自然就成了袁世凯的两个姐姐。庶母王氏和陈氏共生了三个女儿。在袁家一群女孩中,男丁尤为受宠。

袁世凯少年时随嗣父袁保庆先后到济南、南京等地读书。他人极聪明,喜欢打拳、骑马、下棋、赌博。1873 年夏,袁保庆突然病死于南京任上,15 岁的袁世凯随着嗣母牛氏扶柩回籍,安葬。次年,袁世凯生父袁保中亦去世。从叔父袁保恒担负起了督导教育袁世凯的责任,让他赴北京家学读书。两年后的秋天,18 岁的袁世凯回到老家河南参加乡试。督学见他的试文不守墨绳而摈斥不录,他一气之下焚了诗书,发誓不再科考。从叔父袁保恒、嗣母牛氏见他如此不安分,就在年底急急地给他娶妻成了家。

袁世凯对两个母亲很是孝顺,从他大量的家信中就可见一斑。据广州市社会科学院研究员骆宝善所著《骆宝善评点袁世凯函牍》中记述:袁世凯在北京叔父袁保恒家读书时,1875 年 8 月 26 日《致二姊函》中写道:近数日母亲大人精神如何? 饮食能加进否? 念念。1877 年 11 月 1 日,袁世凯《致二姊函》中写道:久未有便,弟不知近者母亲大人精神饮食如何? 高丽参仍常服否? 肿症口痊愈否? 夜间能安眠否? 有便务详告知。1878 年 5 月《致二姊函》中道:不知母亲刻下能如故否? 龟胶谅必常服,张先生又来看乎? 念甚,念甚。此信发出尚不到一月,他又写信问:近者,母亲大人精神饮食如何? 夜眠如何? 腿腰犯疼否? 刻下仍服何药? 念甚。

袁世凯是个孝子,不管是对他的嗣母牛太夫人、生母刘太夫人,只要条件允许,必晨昏定省,极尽孝道。据袁世凯的女婿薛观澜回忆说:袁世凯事嗣母极孝,他有个姐姐未嫁而女婿病死,遂终身不嫁,平日凛若冰霜,永无笑容,袁世凯尊敬而畏惮之,就算当了大总统后,每次向姐姐请安也不敢坐下。薛观澜称他"守礼甚严,秉性孝悌,私德无亏"①。

1882 年,袁世凯随吴长庆的部队东渡朝鲜平乱,任通商大臣暨朝鲜总督。三年后,北洋大臣李鸿章任命袁世凯以"驻扎朝鲜总理交涉通商事宜"正式出使朝鲜,官至司道大员,相当于"总领事"。此后,袁世凯曾多次回家探母,对两位母亲都很孝顺。由于牛氏居于陈寨,刘氏住在袁寨,他就两边

---

① 金满楼:"袁世凯死后为何享受'国葬'待遇",《凤凰资讯—学者说史》,2009 年 8 月 31 日。

来回跑,让两位母亲都开心。

1891 年 12 月 26 日,袁世凯在朝鲜接到嗣母牛氏病死的消息,立即申报朝廷,请求依例开缺守制三年,回家尽孝。李鸿章认为朝鲜事务紧要,无人替代,只赏假百日,要求他处理完丧事立即返回。袁世凯安葬嗣母于袁寨村西,与嗣父袁保庆合墓。他在回任时带着娘亲刘氏到了朝鲜,一直奉养到 1894 年 6 月,甲午战争爆发前,才派人将母亲送回国内。

袁世凯在朝鲜 12 年,甲午战争失败后随军撤退至天津。军务处大臣李鸿章于 1895 年 12 月举荐他在天津小站负责督练新军,所以袁世凯又把生母刘氏接到天津奉养。袁世凯在天津小站督练新军时,培植了一批私人亲信,如徐世昌、段祺瑞、冯国璋、王士珍、曹锟、张勋等,这些人后来大都成为清末民初的军政要人。小站练兵是中国新式军队发展的起点,也是袁世凯起家的起点,他由此成了北洋军事、政治集团的首领。

袁世凯为清政府编练新式陆军时,指使各营军官,在各营供奉他的长生牌位,向士兵宣传袁宫保是咱们的衣食父母,应该祝他老人家长命富贵。每天早晨下操集合时,军官都要问:咱们吃的谁的饭? 士兵齐齐地回答:吃袁宫保的饭! 军官再问:咱们应该替谁出力? 士兵再高声答道:替袁宫保出力! 问答后,才能解散开饭。袁世凯就是这样在北洋新军中培养只知有袁宫保而不知有大清朝,只知有个人而不知有国家的奴才心理。"忠孝"观念是要官兵忠于首脑,死心塌地的听命、追随长官。正是凭着这支忠于他个人的军队,他才能在辛亥年间的风云变幻之中窃取国家政权。

1898 年 6 月,袁世凯升任工部右侍郎。12 月又署理山东巡抚,率新军进驻济南。翌年年底,袁世凯将生母接到济南奉养。袁世凯出身于一个耕读官宦世家,这种传统的家庭最重"忠孝"二字,他是旧传统道德的代表。袁世凯次子袁克文有过一段描述:"先祖母刘太夫人在日之时,每晨,先公秉烛趋庭,伫立于寝外,必俟先祖母既寤,躬叩安好,始出堂治事。及午,复入侍先祖母食,食讫复出。夕,政事处毕,乃又入,或言家事,或述新语,先祖母辄顾而乐之。先公亲自调羹和蔬以进,且躬视衾帏,试量温寒,必侍先祖母入寝后,始退归己室。终岁如一日,未尝或间焉。"①

1901 年 6 月,袁世凯 85 岁的母亲刘氏病逝在山东济南,他悲痛万分。清政府再次令他"夺情"留任,刘氏的棺柩也只好暂厝于济南城外。是年 11 月,李鸿章病殁,慈禧太后电旨擢升袁世凯继任,署理直隶总督兼北洋大臣。次年 10 月,袁世凯在同列国交涉收回天津主权后,请假,将母灵柩送回原籍项城故里安葬。他在坟旁搭建小庵,日夜住守,为母添坟烧纸叩礼,整整坚持了百天。

1907 年袁世凯升任军机大臣,成为晚清政府的中枢人物。1908 年光绪皇帝及慈禧太后相继去世,溥仪继位,醇亲王载沣摄政。袁世凯遭开缺回籍,去了彰德府洹上村"归隐",同时把全家从天津也迁到这里。袁世凯在隐居洹上村的 3 年里,对子女教育依然十分严格。他拥有一妻九妾,共生了 17 子、15 女;17 个儿子又为袁世凯生了众多孙子、孙女。袁世凯在花园中设了专馆,延请江南才子史济道、名士杨度等人教读四书五经和《史记》《汉书》等传统典籍。还专门设女馆,请女老师,让众多的姨太太读些书。教师们每人月薪都是大洋百元。

1911 年 10 月 10 日爆发武昌起义,清廷恐慌。载沣不得已请袁世凯复出,剿办南军。袁世凯在辛亥革命中假意赞成共和,欺南挟北,终至溥仪退位,孙中山让位,自己当上了中华民国临时大总统。

中华民国北京政府是中国历史上第一个以和平的方式完整继承前朝疆域的政权,也是中国继清朝灭亡后第一个被国际承认的中国政府。北京政府统治时期是中国由传统社会向现代社会演变的激烈转型时期,在历史上起着承前启后的重要作用。

1912 年 3 月 10 日袁世凯于北京就职,此时正是民国建立后各种思想大

---

① 王碧蓉:"袁世凯的家庭生活",《文汇读书周报》,2013 年 6 月 29 日。

混乱时期。旧的封建国家已经消亡，新的共和制度尚未建立，西方各种政治、社会思想相互与中国古老的传统文化相碰撞。袁世凯无论是施政还是家庭生活，都承继着传统的孝道伦理道德。他认为要把经过革命震动的旧秩序重新稳定下来，巩固自己的统治，单靠恐怖手段是不够的，还必须尽力使人们不再信仰他所憎恨的革命思想体系，即民主主义。他认定民主主义是异端邪说、洪水猛兽，是社会动荡不安的思想根源。

袁世凯的中央政府建立了三权分立制度，然而仅仅依靠一套移植自西方的政治制度，并不足以保证新生的共和国长治久安。袁世凯及一些高层人士普遍认识到，道德对于共和国家的建设至关重要。1912 年 5 月，革命党人黄兴在致袁世凯的电文中说："民国初建，百端待理。立政必先正名，治国首重饬纪。我中华开化最早，孝弟忠信、礼义廉耻，夙为立国之要素，即为法治之精神。以忠言之，尽职之谓忠，非奴事一人之谓忠。古人所称上思利民，以死报国是也。以孝言之，立身之谓孝，非独亲其亲之谓孝。……"①他要求袁世凯以大总统的身份向人们讲明共和国体制下的中国人如何遵循中国几千年来代代相传的道德伦理。袁世凯欣然接受。

梁启超也发表一系列文章探讨国家建设的根本方针题。"他将道德提升到最高之本体的地位，认为中国的道德传统构成了国性，它构成了中国数千年文明存续的基础，今日仍有待发扬淬厉，'夫既以此精神，以为国家过去继续成立之基，即可用此精神，以为国家将来滋长发荣之具'。对中国道德传统失落的焦虑，在梁启超周围的进步党背景的知识分子中间相当普遍。"②这颇为符合袁世凯的想法。

在这样的语境下，1912 年 9 月 13 日，袁世凯的北洋政府教育部公布：以

---

① 季剑青："国家与道德：民初共和危机与新文化人伦理关切的发生"，《杭州师范大学学报》，2019 年第 4 期。

② 季剑青："国家与道德：民初共和危机与新文化人伦理关切的发生"，《杭州师范大学学报》，2019 年第 4 期。

每年 10 月 7 日为孔子诞辰纪念日，全国各学校届时举行纪念会。9 月 20 日，袁世凯颁布《整饬伦常令》，下令"尊崇伦常"，提倡"礼教"。他说："中华立国以孝悌忠信礼义廉耻为人道之大经。政体虽更，民彝无改""唯愿全国人民恪守礼法，共济时难。……本大总统痛时局之阽危，怵纪纲之废弛，每念今日大患，尚不在国势，而在人心。苟人心有向善之机，即国本有底安之理。"这就是说，旧的纲常伦理还不能改变，因为它是维系人心的好工具。正是在这道恢复礼教的号令鼓舞下，社会上出现了许多尊孔小团体，如孔教会、孔社、宗圣会、孔道会之类，形成一股宣传封建道德的复古势头。

1912 年 11 月 4 日，《宪法草案》刚刚通过不久，袁世凯下令解散国民党，取消国民党籍议员。11 月 13 日，国会因不足法定人数，停止开会。《宪法草案》亦束之高阁，此后至 1916 年 6 月袁世凯病逝的这三年多的时间里，中华民国呈现出无国会无议员的状态，共和国体已名存实亡。

然而在当时的社会氛围中，民主共和思想可以说已经深入人心，封建专制主义、愚昧落后的思想观念在受到辛亥革命空前未有的冲击后，君主专制和官僚特权都变为非法。民国初年，"官府之文告，政党之宣言，报章之言论，街巷之谈说，道及君主，恒必以恶语冠之随之"（梁启超语）。封建的等级伦理观念，也不再被认为是天经地义。政治平等和思想自由在形式上已为法律所承认，尤其是在革命浪潮所直接波及的南方各省，自由平等的空气更为浓厚，孔庙改为学堂，贞节牌坊被砸毁，人们的思想来了一次大解放。而袁世凯政府竟然不合时宜地开始尊孔复古了，颁布了一系列尊孔祭孔的复古告令。

1912 年 12 月，北洋政府颁布的《小学校教则》，把"孝悌"列在初等小学校"道德"和"修身"课程的第一项。同月，袁世凯指定鲁迅、许寿裳、钱稻孙三位教育部荐任科长负责研拟国徽图案。三人合作设计图样，钱稻孙画出图例，说明书由鲁迅执笔。国徽图案是基于中国古代礼服的十二章花纹设计的，"十二章国徽"充分体现了儒家传统文化。

1913 年 6 月 22 日，袁世凯发布《通令尊崇孔圣文》，指出："天生孔子为万世师表……所谓反之人心而安，放之四海而皆准者。"这表明他恢复儒家思想统治地位的愿望。在后人看来，袁世凯这是为适应政治上复辟帝制的需要，在思想文化领域推行尊孔复古逆流。同年，袁世凯又命令全国恢复祀孔、祭孔典礼，恢复跪拜礼节，中小学恢复尊孔读经。又颁布新学制，规定小学男女同校。

1914 年 1 月，袁世凯下令解散国会。2 月，袁世凯通令各省，以春秋两丁为祀孔日，借以维护纲常名教，3 月，袁世凯公布《褒扬条例》，规定凡孝行节妇"可以风世者"，均由他给予"匾额题字，受褒人及其家族愿立牌坊者，得自为之"。这在当时是颇为不合时宜的举措。5 月，废止《中华民国临时约法》，公布《中华民国约法》，改内阁制为总统制，修改总统选举法，总统独揽大权，可指定三名新总统候选人。

袁世凯为配合复辟帝制，加紧进行尊孔活动，大造社会舆论。9 月 25 日，袁世凯正式颁发了《祭孔令》，称："中国数千年来立国根本在于道德，凡国家政治、家庭伦纪、社会风俗，无一非先圣学说发皇流衍。是以国有治乱，运有隆污，惟此孔子之道，亘古常新，与天无极。"祭孔令规定，每年 9 月 28 日（即孔子诞辰日），中央与地方一律举行祭孔典礼。由此，清朝灭亡后中断的祭孔又以国家典礼的形式延续。

1914 年 9 月 28 日，即仲秋上丁，袁世凯在一大群全副武装的侍从护卫下，于早晨 6 点半抵达孔庙，换上了绣有四团花的十二章大礼服，下围襕紫缎裙，头戴平天冠，由侍从官朱启钤、周自齐及侍从武官荫昌引导行礼，俎豆馨香，三跪九叩。与此同时，各省将军、巡按使也都在省会文庙祭孔，这是民国以来第一次祭孔。过了几天，他又叫财政部拨款修缮北京孔庙，并自捐银5000 元襄助。有人甚至发出请愿书，要求北洋政府定"孔教"为"国教"，列入"宪法"。

1914 年 11 月 3 日，袁世凯在《箴规世道人心告令》中称"忠孝节义"为国粹,指责乱党破坏中国社会秩序:"民国初年,一二桀黠之徒,利用国民弱点,遂倡为无秩序之平等,无界说之自由,谬种流传,人禽莫辨,举吾国数千年之教泽扫地无余。求如前史所载忠孝节义诸大端,几几乎如凤毛麟角之不可多得……一个国家不必愁贫,不必忧弱,惟独国民道德若丧亡,则乃必鱼烂土崩而不可救。"

袁世凯在宣布祭孔的同时,还宣布要祭天。这在当时遭到普遍的反对,舆论认为此举倒行逆施,是为恢复帝制张本。1914 年冬至,袁世凯在天坛举行了隆重的祭天仪式,希望以此唤起国人的拥戴。当时许多国外记者对这次祭祀进行了拍摄报道。其中记述道:"黎明,袁世凯从南面登上天坛圜丘的第二层朝北站定,待篝火点起,他按照祭祀官的口令深深鞠躬四次,文武百官也跟着一起鞠躬,同时盛有兽血和兽毛的盘子被端上了祭坛。敬献了丝绸之后,袁世凯就跪在了圜丘第一层。献祭肉的音乐奏起,兽血兽毛马上撤走,一盅热汤送到了总统手中。这盅天羹先由袁世凯高举过头,然后分三次洒在盘中肉上。接着祭祀官念颂祷文,乐声中有人翩翩起舞,袁世凯则举酒敬天。每篇祷文读完,袁世凯就朝祭坛磕四个头,文武百官也跟着一起磕头……"①

在袁世凯的倡导下,复古主义披靡一时,忠孝节义、八德的建议案连篇累牍地披露出来。保守派、维新派和激进派都有机会争一日之短长。背后拖着长辫、心里眷恋帝制的老先生与思想激进的新人物并坐讨论,同席笑谑。以陈独秀、李大钊、鲁迅为代表的一些激进民主主义者,看到袁世凯进行帝制复辟、提倡尊孔读经,发文反对。加之 1915 年 5 月,袁世凯在日本外交压力下,接受了干涉中国内政的"二十一条"中部分条款,他们更是义愤填膺。陈独秀于 1915 年 9 月 15 日在上海创刊《青年杂志》,发动了反封建的新文化运动,大张旗鼓地宣传资产阶级民主思想,同封建尊孔复古思想展开了

① 沈弘:"袁世凯祭天——天坛的最后一次典礼",《中华遗产》,2006 年第 1 期。

激烈的斗争。

然而袁世凯竟然不顾国人反对,于 12 月 12 日宣布恢复中国的君主制,改 1916 年为洪宪元年,建立"中华帝国",废除民国纪元。这样一来,袁世凯遭到全国人民一致反对。以孙中山为代表的革命党人组织中华革命党与中华革命军发动起义,孙中山发表《讨袁檄文》,号召爱国豪杰共同奋起,维护共和制度。1915 年 12 月,蔡锷在云南首义起兵响应,发动护国战争,讨伐袁世凯,得到全国响应。在全国反袁的浪潮中,袁世凯被迫于 1916 年 3 月 22 日宣布取消帝制,恢复中华民国。6 月 6 日袁世凯病死。

袁世凯是传统文化道德的坚守者。对袁世凯身后的评价,长期以来以负面评价为主流,这主要是受到政治因素和意识形态的影响。袁世凯极力推崇儒教为核心的传统文化,既是出于民族情结,又是政治需要。在民初的大变局中,袁世凯感受到了外来文化的强烈冲击,传统纲纪惨遭破坏、人心涣散、道德败坏,他像许多人一样本能地把眼光投向传统文化,想用它来凝聚力量。他坚信,要改变现状,使君臣、夫妻、父子、兄弟、朋友等社会关系达到和谐,儒教伦理不可或缺,这样才能建立起等级有序的理想社会。在他眼里,共和制度是造成民初政治乱象的罪魁祸首,他根本就不相信在中国能实行民主共和。

袁世凯在执政四年多的时间里,注重中国传统文化建设,容许各类思潮和主义在中国大地风行,文化理念呈现多元化,其民主氛围浓厚、思想自由受到后世学者的良评,也为他的继任者们奠定了施政基础。中国国民党北伐夺权后,出于合法性和正统性的需要,贬低北洋政府,并称其为"北洋军阀政府",贴上"军阀混战""政治反动"的标签,有学者对此认为,这并不符合完整和真实的历史,真实的北洋政府是中国民主社会的开端。

袁世凯的"尊孔复古"已经成为历史。跨越百年时空再看,自 20 世纪 90 年代以后,社会上掀起了国学热,到 21 世纪的今天,各地已经掀起弘扬孔子儒家传统文化道德的潮流。国家、学术界、教育界上上下下都在进行。"四书""五经"在基础教育的课本中被大量引述,并要求学生背诵《论语》《三字经》《弟子规》等儒家经典;许多学校安放了孔子塑像。而在孔子故里,自2006 年山东省曲阜市申报的祭孔大典经国务院批准列入第一批国家级非物质文化遗产名录。祭孔是华夏民族为了尊崇与怀念至圣先师孔子而举行的隆重祀典,在古代被称作"国之大典",是世界祭祀史、人类文化节史上的一件大盛典。

但是中国传统文化热与过去袁世凯的尊孔复古已经有了很大的不同,这是一场由国家领导层倡导,许多学者、民众共同参与的一股形成共识的国学热潮。当今的中国在吸收了大量的外来文化、外来的思想、外来的科学技术以后,带来新时期的高速发展。在吸收这么多外来东西之后,如何形成新的文化体系和新的价值观念? 这就需要把中华优秀传统文化作为基础和立足点,坚守中华文化本位,进一步地完善、成熟我们中华文化和道德,因为中华文化的这种血脉传承和它的基础价值是文化自信的来源。

北洋政府初期的 10 年间,依然是西风东渐的旺盛阶段。这一过程既是中国人对外部世界了解逐渐加深的过程,也是将中国固有文化置于全球背景下、与其他文化比较中重新解读的过程。在这个 10 年中,民国内忧频现,外患不断,社会结构与社会思潮都在急剧变化转型中。传统的生产模式发生转变;传统的伦理制度作为"本教"的核心尤被推至舆论的前沿,并深深卷入社会政治中。西方政治思想的传入,议会制、民主制度、新的国家概念、无政府主义、社会主义思想等,对于中国的政治发展产生了重大影响。

在经济方面,新的经济思想的传入使得一批知识分子愿意投入实业,而民族主义思想则有助于民族工业的发展成形。新的科学、管理、金融等技术的传入及应用更是逐渐改变了中国的交通运输、生产方式、商业交易等基本经济事物,对中国社会风俗的转型有一定影响。

在物质文明方面,西方工业文明的入侵,新器具、新事物,各种各样的西式玩意儿一股脑儿地涌进东方这片古老的土地。例如西方科技事物如电、自来水、电影、广播等等逐渐改变了城市居民的生活。这些物质文明有力地推动了中国近代社会结构的转型，引发了中国社会迈向近代化的新变革。中国长期安定、宁静的社会环境发生了改变，一些中国人在情愿或不情愿中放弃原有的生活方式。一批批留洋学生的不断回归，躬身示范，更加使西方文明和东洋文化直观化，人们的意识观念发生了愈来愈大的变化，人们的日常生活从传统走向开放。最明显的变化便是人们对衣食住行和休闲娱乐有了全新的改变。中国传统社会中以家庭、家族、地域社会为中心的社会基层开始逐渐瓦解。

在日常生活方面，新的思想改变了许多传统日常生活中的习俗，包括一些被视为迷信的民间信仰、缠足风俗，传统式的婚姻等都逐渐被废除。

正像熊月之教授所言，近代以来，随着资本主义全球化洪波涌起、排空而来，中国被动卷入、被迫认知、努力因应。在思想文化、社会变迁、人物取向、教育变革等方面发生了巨大变革。发生在近代的全球化，以资本逐利、文化扩展为内力，以工业化、城市化与民主化为利器，具有以优汰劣、以强凌弱、不容分说、不可抗拒的特性。①

然而面对这一浪潮，中国人一方面坚持文化自信，一方面秉持见贤思齐、耻落人后的务实精神，努力了解西方，尽力学习世界先进文化。两方面交互作用，相互支撑。但由于中国社会几千年的旧礼教、旧道德十分稳固，不可能在短时期内发生太大变化。事实是，除了上层人士、学界和名门望族等以外，大多数的中国人依然坚守着传统伦理道德。再有，在各种"激进"的政治主张背后，实际起作用的政治原则是相当传统的，因为当时中国的人民、政治家甚至知识分子对西方的政治学、法学并不多么熟悉，更熟悉于中国的传统政治和道德伦理。熊月之教授说，中国的百年革命有一个比较明显的特点，政治学说的激进主义和政治行为的传统规则是并行的。而且激

---

① 参见熊月之：《西风东渐与近代社会》，上海教育出版社，2019年。

进主义往往是表象的,随时可变的,而中国传统文化的优秀道德却一直传承下来。①

这可以从教科书这个窗口反映出来,因为教科书不仅仅是知识技能的载体,同时也是社会规范、文化价值观、政治思想的载体,是分析社会文化一个极重要的文本。

还在清末时期,中国的教育以及教科书开始了近代化的过程。近代中国教育制度化以中小学作为基础教育的主体,它不仅仅反映了其本身以及教育的近代化历程,也隐含了丰富的社会文化内容,并且清晰地展现了传统忠孝文化的传承。1904 年 1 月清政府公布的《奏定学堂章程》中,规定学堂的立学宗旨是:"无论何等学堂,均以忠孝为本,以中国经史之学为基,而后以西学瀹(渗透)其智识,练其艺能。"通俗地说就是"忠孝为本,兼修西学"。

关于清末"忠孝为本"的问题,孙凤华教授专门对教科书中的内容做了分析统计,他说:"从德目所反映的时代特性看,传统的德目居多数,这些德目所体现的核心道德价值主要是:孝悌、仁爱、礼仪、廉耻、诚信、忠恕、节俭等。同时,颇具时代特色,具有进步意义的德目,如爱国、义务、自由、博爱、男女平等。完美、进步等政治、经济和社会伦理已有涉及。"②可见,清末的教科书译编,不仅继承了传统经学教本的优点,也融合了西方教科书的科学因素。君主王朝的书写逐渐减少,具有时代特色和进步意义的道德价值已悄然而入。社会风俗,以及文化内容出现在历史教科书中,多种社会新思想都有一定的体现,但传统的核心道德价值仍是清末修身课程目标和内容的主导部分,足见国人对传统忠孝伦理道德的自信。

《奏定学堂章程》规定中学堂开设"修身、经学、算学、文学、中外史、中外舆地、外国文、图画、博物、物理、化学、体操"等科目。规定中学堂"学制五

---

① 参见熊月之:《西风东渐与近代社会》,上海教育出版社,2019 年。
② 孙凤华:"清末民初中国修身科教科书中的忠孝道德观",《教育学术月刊》,2011 年第 4 期。

年"，《中学修身教科书》分五册编排。1906 年，学部明确拟定"忠君、尊孔、尚公、尚武、尚实"五项教育宗旨。中学修身教科书课程内容仍是"以孝为本"，主要包括两方面，一是个人私德，即儒家伦理的"五常"；二是行之于外的各类公德。中学修身教科书课程内容与小学修身教科书课程内容相比，并无太大差别，只是中学段的课程目标和内容更为集中，全面一些而已。

忠孝仁义在两千多年的中华历史中，一直是中国古代社会调节家庭父子关系、国家君臣关系和社会人际关系的重要道德规范。1907 年 12 月至 1908 年 3 月由上海商务印书馆出版的《中学修身教科书》五册，是近代著名教育家蔡元培先生编撰的。前四册分别以"修己""家族""社会"和"国家"来命名，属于实践伦理学范畴；第五册属于理论伦理学范畴，包括"良心论""理想论""本务论"和"德论"。这套"学部审定"的教科书写道，"本书悉本我国古圣贤道德之原理，旁及东西伦理学大家之说，斟酌取舍以求适合于今日之社会。"书中强调了忠孝、信义、恭俭、谦逊、自制、忍耐等中国传统伦理道德，希望其中精髓能够不断被后世传承。

同时，蔡元培在教科书中提倡崇尚公德、尊重人权、贵贱平等的西方民主共和思想，力求把修己和培养社会公德、国家观念很好地结合起来。"他说'人之在社会也，其本务虽不一而足，而约之以二纲：曰公义，曰公德'。而公义公德都离不开博爱，所以博爱是社会伦理的核心。图公益，开世务，以美善社会，尽公义公德，这样才能建功立业，谋取社会幸福，推进社会进步。'爱国之心，实为一国之命脉'，'爱国心为国家之元气'。爱国关系到国家兴衰，是国民应尽的义务。他在强调国民对国家尽义务的同时，也强调国家对国民尽义务，二者都是权利义务的统一体。"①

民国初年，延续了清末教科书的理念。由于大总统袁世凯坚守传统忠孝道德，教科书的内容分别集中在各个德目中，这些具体德目反映的基本道

---

① 朱锦丽："蔡元培与清末《中学修身教科书》"，《中华读书报》，2013 年 7 月 31 日。

德价值主要包括孝悌、恭敬、仁爱、诚信、忠恕、正直、礼仪、博爱、爱国等。这与中小学教则及课程标准中所规定的基本德目相近。在整体上仍然体现出"修身、齐家、治国、平天下"这一传统的进德修业精神。民初的教科书从近代人文精神出发,结合传统美德建构中国近代的新道德,促进了中国近代伦理学的学理创建。

中小学教科书直接反映出国人既有难以舍弃传统的一面,又有求新图变的一面。反映出清末民初的人们谋求救亡图存,争取民族独立,改造中国,走近代化道路,憧憬道德理想的价值诉求。在此一理想追求过程中,传统大同理想、人格理想与社会理想等均被时人赋予一定近代色彩。为达此目的,人们努力挖掘利用传统孝、忠、礼、仁、奢、俭等观念的积极价值,以作为近代民族主义和爱国主义思想的精神源泉。

再看女校情况。有学者说,"女子教育是文化变迁的寒暑表,更能标识出当时的道德伦理观念"。1901 年,清政府下令改书院为学堂,私人设立的女学堂也乘机而出,如雨后春笋般冒出来。1901—1903 年,国人自办女学堂增至 17 所。但到了 1904 年 8 月,清政府谕令学务大臣:如设女学堂,即行停办。由此,广东、湖南、湖北、江苏等省纷纷裁撤、查办、封闭了一批女子学堂。兴办女学风气初开,却招致官方的反对。官方认为中国此时情形,若设女学,其间流弊甚多,断不相宜。"唯中国男女之辩甚谨,少年女子断不宜令其结队入学,游行街市,且不宜多读西书。""故女子只可于家庭教之,或受母教,或受保姆之教,令其能识应用之文字,通解家庭应用之书及妇职应尽之道,女工应为之事,足以持家教子而已。"①

对此,中国知识分子群起反对。其代表人物梁启超认为,只有教会女学而没有自己的女子学校是一种奇耻大辱:"西人通商我华,所到之处多开女

---

① 陈喜:"清末民初女子教育与女子高等教育之变迁",《湖南师范大学教育科学学报》第 12 卷第 6 期,2013 年 11 月。

学,以辱我国。以堂堂之中国,而无一女学堂,耻孰甚焉。""天下积弱之本,则必自妇人不学始。""治天下之大本二:曰正人心,广人才。而二者之本,必自蒙养始;蒙养之本,必自母教始;母教之本,必自妇学始,故妇学实天下存亡强弱之大原也。"①女学堂到底还是不可遏制地开办了起来。

1906 年的《初等小学女子修身教科书》(上下),总计 40 课时,分为孝悌、慈爱、卫生、勤俭、谋生、做工、学问等七个德目。其中孝悌一个德目就占了 12 课时。可见,女子修身课程对"孝悌"的重视程度。"清末,我国处于新式教育的草创时期,以'中学为体,西学为用'为基本指导思想。早期的中西融合德育观形成,通过继承传统,模仿日本,形成了以修身科和讲经读经二科为主导,以忠教道德观教育为主体的中、小学修身教科书课程雏形。"②

1907 年 3 月,清政府颁布《女子小学堂章程》和《女子师范学堂章程》,中国女子教育开始列入教育制度。但女子教育考虑的仍然是女性的德性发展,而不是女性的个性发展,是出于"强国保种"的文化要求,强化女性的传统特质。这就限制了女学生的自我认知。女性品性修养重在个人私德,进而推及公德,让传统美德在近代社会得以发扬光大。

刘景超教授通过对清末民初二十几年间各类女子教科书的文本阅读,发现女子教科书的文化传承坚持传统的道德教化优先于才学培养观念。他说:"尽管清末民初女子教科书在才、德观念上有了一些变化,但在处理二者关系时,却仍然沿用了传统文化的惯习——将女子道德发展置于比才学更重要的地位;女子教科书无论是在内容选择还是在编写形式上处处体现出'家为国本'这一传统理念;女子教科书体现出尊孔崇儒与孝道仁义思想的传承;在女性性别理想上,仍然带有传统的'男外女内'的影子。"③

---

① 陈喜:"清末民初女子教育与女子高等教育之变迁",《湖南师范大学教育科学学报》第 12 卷第 6 期,2013 年 11 月。
② 孙凤华:"清末民初中国修身科教科书中的忠孝道德观",《教育学术月刊》,2011 年第 4 期。
③ 刘景超:"清末民初女子教科书文化传承与创新之研究",湖南师范大学博士论文,2014 年。

中华民国成立后,孙中山于1912年1月颁发《普通教育暂行办法》,首次提出"初等小学校可以男女同校",这是我国男女同校的开始。同时提出"特设之女学校章程,暂时照旧"。到1914年时,旧式的私塾教育尚未完全废止,而城市已开始了新式学校教育。在大城市,连一向与读书无缘的女孩儿也有了上学的机会。初小一至四年级,男女合班上课;高小五、六、七年级则男女有别、分而教之。

民国初期的几年里,陆续公布了《中学校令》《师范教育令》《实业学校令》等,规定中学、师范、职业各类学校"皆可为女生独立设校",其中《师范教育令》提出设立女子高等师范学校,并规定女子高等师范学校,以造就女子中学校、女子师范学校教员为目的。高等师范学校定为国立,女子高等师范学校设选科、专修科、研究科,这是民初师范教育体制的重大改革,也是中国女子高等教育的先声。

中国社会处于大变革的转型中,传统文化虽然遭到严重冲击,但依然起着主导作用,尤其忠孝文化在嬗变中得到升华和传承。"中国近现代社会,在鸦片战争后直至民国时期经历了由盲目排外到学习西方、由过去的封建传统社会向现代化社会渐进的过程,传统和现代的思想共存以至杂糅。呈现出既追新慕异,去土存洋,又新旧并存、中西合璧的特征。"[①]而传统文化仍然是社会主流。

文化是民族走向世界的名片和身份证,是民族独特性的象征符码。对于每个生活其间的个人来说,民族文化是一个集体的精神家园,人们在那里得到认同、获得归属感。正因为一个民族中人人具备这种归属感,才使民族具备超强的凝聚力和生生不息的生命力。民族要保持独立性的存在,需要文化传承,弘扬本民族文化特色,形成本民族人民的价值认同感,以构成民族强大的凝聚力。

---

① 刘景超:"清末民初女子教科书文化传承与创新之研究",湖南师范大学博士论文,2014年。

民国时期：传统孝文化仍然传承

第一节　社会激烈转型，中西文化的碰撞

一、五四新文化运动对封建道德的批判

1916 年 9 月，陈独秀创刊的《青年杂志》由上海迁到北京大学内（改名为《新青年》），得到了北大校长蔡元培的支持，由此北大成了新文化运动主要活动基地。3 个月前，即 1916 年 6 月 6 日，民国大总统袁世凯于举国一片声讨之中去世。当天下午，北京政府国务院宣布，副总统黎元洪依法代行总统之职。各方来电请求恢复民国初年《临时约法》和民国二年国会制定之大总统选举法，召集国会，速定宪法，组织责任内阁，废除袁世凯伪制，也就是袁世凯尊孔复古那一套政策；惩办祸首；所有措施须依《临时约法》。黎元洪宣布遵行《临时约法》，恢复国会，任命段祺瑞为国务总理。但以段祺瑞为首的北洋军阀一

再坚持袁氏约法，不肯恢复旧约法和旧国会，以维护北洋军阀的合法地位。由于段祺瑞势力的强大，黎元洪基本上成了一个有名无实的总统。

黎元洪上任才数月，段祺瑞国务院的人就和总统府官员吵了好几次，甚至打起架来。府、院矛盾加深。终于，黎元洪忍无可忍，在 1917 年 5 月下令免去段祺瑞国务总理职务。此令一下，段祺瑞的皖系军阀们纷纷与中央翻脸，安徽省长倪嗣冲首先通电各省，宣布独立。黎元洪无论怎样苦口婆心地解释，都被那青面獠牙的督军所不容。6 月 7 日，黎元洪请张勋帮助调停纷争，却不料张勋带领他的五千人辫子军乘专列浩浩荡荡来到北京，于 6 月 30 日晚发动政变，张勋取出朝服穿上，率兵入清宫。他见了溥仪，立刻拜倒地下磕头，高呼一声"万岁！"小皇帝一脸茫然，任其摆布，上演着复辟丑剧。张勋限令黎元洪 24 小时内迁出公府，才上任一年的大总统就这样下台了。段祺瑞遂在天津马厂誓师，率军抵京灭逆。张勋和他的辫子军四处逃命。段祺瑞继续控制北京政权。在南京的副总统冯国璋上任代理大总统职权（即第三任大总统），但是这个代理总统也只是一个傀儡，实权还是在段祺瑞手里。

1917 年秋，段祺瑞发动内战，妄图消灭以孙中山为首的南方护法势力。冯国璋却呼吁和平统一。北洋军分裂为直系（冯国璋）和皖系（段祺瑞）两大派。冯国璋处处受到压制，遂于 1918 年 8 月 13 日通电辞去总统职。段祺瑞利用安福国会选举徐世昌任总统，10 月 10 日徐世昌继位大总统（即第四任大总统）。徐世昌依然延续袁世凯的复古尊孔那一套政策。

北洋政府的争权夺势和尊孔复古逆流的延续；辛亥革命的成果被封建势力所篡夺；以康有为为代表的"孔教会"则寻求通过宪法将"孔教"确立为国家制度层面上的"国教"。国内一些民主主义者非常焦虑，认为其根本原因是缺乏思想文化革命作为其稳固的基础。于是中国思想文化界以学习西方、革故鼎新、探索救国救民真理为主旨的"新文化运动"便在酝酿中展开。

然而"共和国体能否与中国的道德传统有机地结合，共和国家建设是否需要以及需要何种层面上的道德支撑，在知识分子中引起了广泛的争议。而在陈独秀、高一涵等新文化人那里，儒家道德传统成了与共和国体完全不相容且必须被抛弃和否定的对象。学界新文化的代表者们全面反传统道德的历史必然性被呈现出来，而新文化运动则可以看作是对民国初年共和危机相关论述的创造性回应。"①

面对袁世凯复辟、张勋复辟，以及尊孔复古思潮的严峻现实，新文化的倡导者陈独秀等人在北京大学首先发起新文化运动。北大校长蔡元培聘请的李大钊、胡适、钱玄同、鲁迅、刘半农等人来到北大，这批学术精英成了新文化运动的健将，使北大成为当时中国思想活跃、学术兴盛的最高学府，培养造就了一批具有新思想的青年。他们以民主和科学（"德先生"和"赛先生"）两面旗帜，向封建主义展开了猛烈的进攻，在社会上产生了巨大的反响，深受青年知识分子的欢迎，"被誉为'青年界之金针'和青年的'良师益友'，青年得此，如清夜闻钟，如当头一棒"。

《新青年》从1918年1月出版第四卷第一号起改用白话文，采用新式标点符号，刊登一些新诗，这对革命思想的传播和文学创作的发展起着重要的作用。特别是鲁迅1918年5月在《新青年》上发表了中国现代文学史上第一篇白话小说《狂人日记》，对旧礼教旧道德进行了无情的鞭挞，指出隐藏在封建仁义道德后面的全是"吃人"二字。这种吃人的礼教突出地表现在家庭伦理关系中，尤其是孝道上。鲁迅认为封建孝道是维护君权的工具。社会越是到了"人心日下"国将不国的时候，统治者就越是提倡孝道以挽救岌岌可危的统治。这篇小说奠定了新文化运动的基石。

这是一场轰轰烈烈的思想文化革命，激进的民主主义知识分子大力宣传民主与科学，对西方哲学社会科学思潮和自然科学知识作了大量的介绍，

---

① 季剑青："国家与道德：民初共和危机与新文化人伦理关切的发生"，《杭州师范大学学报》（社会科学版），2019年第4期。

希望人们特别是广大知识青年从封建道德、迷信愚昧的枷锁下解放出来。他们向封建专制主义和封建伦理道德观念发起了前所未有的攻击,而其中一个重要内容就是反对传统忠孝文化。中国社会是建立在父家长制基础上的封建宗法专制社会,家庭血缘的伦理关系成为社会的基本伦理关系,社会的伦理道德就是家庭伦理道德的延伸和拓展,因而"孝"成为传统中国社会政治、文化生活中统领性的意识,孝构成了封建统治的思想基础。于是揭露封建孝道的本质,对于唤醒民众的觉悟至关重要。以陈独秀、李大钊、胡适、鲁迅、吴虞等为代表的新文化运动的主将们,从传统孝道思想是维护封建专制制度的工具,传统孝道思想对个性自由和独立人格的压抑,传统孝道思想的虚伪性、残酷性、落后性等维度,对传统孝道思想进行了尖锐批判。

北京大学文科主任陈独秀称:"自西洋文明输入吾国,最初促吾人之觉悟者为学术,相形见绌,举国所知矣;其次为政治,年来政象所证明,已有不克守缺抱残之势。继今以往,国人所怀疑莫决者,当为伦理问题,此而不能觉悟,则前之所谓觉悟者,非彻底之觉悟,盖犹在惝恍迷离之境。吾敢断言曰:伦理的觉悟,为吾人最后觉悟之最后觉悟。"于是在这场运动中传统文化结构最核心的部分——传统伦理道德价值体系开始接受批判和洗礼。而家庭伦理作为传统伦理的基础,自然首当其冲。

作为新文化运动的发起者和组织者,陈独秀对封建道德进行了总体性批判。他认为儒家的道德是宗法社会的道德,不适用于现代社会。他说:"儒者三纲之说,为一切道德、政治之大原……曰忠、曰孝、曰节,皆非推己及人之主人道德,而为以己属人之奴隶道德也。"陈独秀认为传统孝道思想是对个性自由和独立人格的压制,他说:"父为子纲,则子于父为附属品,而无独立自主之人格矣。"忠、孝、节三样旧道德严重阻碍了中国社会进步,其危害在于,"一曰损害个人独立自尊之人格;一曰窒碍个人意志之自由;一曰剥夺个人法律上平等之权利;一曰养成依赖性,戕贼个人之生产力。"

有学者评论道:"孝道在中西、公私、新旧的对立和冲突中,已然越来越不受尊崇。陈独秀基于尼采的'谦逊而服从者为奴隶道德'这一观点,将我国传统的'忠孝节义'视为奴隶道德的表现。因此,他强调以'自身为本位的个人独立平等之人格',就是要反对忠孝节义。"①

吴虞教授撰写的《家族制度为专制主义之根据论》等文,对"忠""孝"进行剖析,指出它们不仅代表了不平等的统治秩序,而且导致了家长专制和君主独裁,早已成为中国社会发展的障碍。吴虞说:"儒家以孝悌二字为两千年来专制政治、家族制度联结之根干,贯澈始终而不可动摇。使宗法社会牵制军国社会,不克完全发达,其流毒诚不减于洪水猛兽矣。"②

新文化运动倡导民主、科学和个性解放,反对封建礼教,要求建立新道德,而这种新道德是以承认和尊重个人独立自主之人格,勿为他人之附属品为前提的。在此基础上,新文化人士提出了新的"忠孝"观取代旧的愚忠愚孝。他们提出,"忠"从国家意义上来讲,是指忠于国家民族、忠于民众,而非忠君、忠于政府、忠于某个人;从家庭范围内来讲,是指夫妇忠实于彼此的爱情,而非妻子忠于为所欲为的丈夫、忠于没有爱情的"父母之命,媒妁之言"的婚姻,因为"恋爱为结婚之第一要素",爱情是"神圣的爱"。

妇女、婚姻家庭问题成为新文化运动的主题之一,如男女同校、社交公开、男女职业平等、婚姻自主等。而贞操问题的讨论是反对封建伦理观念的一个重要方面。1918 年 5 月《新青年》四卷五号上发表了周作人先生翻译的日本作家谢野晶子的《贞操论》,正是这篇译文引发了一场轰轰烈烈的关于贞操观的讨论。胡适特别撰写了《贞操问题》的文章,发表在《新青年》上。文中系统地阐述了自己关于婚姻家庭的观点,尖锐地批评了当时鼓励妇女守节殉夫的文章及其作者。认为"这种议论简直是近无心肝的贞操论",是不合人情、不合天理的罪恶。他反对那种忍心害理的烈女论,认为劝人做烈

①　赵妍杰:"近代中国非孝论反思",《社会科学研究》,2018 年第 1 期。

②　吴虞:"家族制度为专制制度之根据论",《新青年》第二卷,1917 年 2 月 1 日。

女等于故意杀人。

1918年8月，鲁迅署名唐俟在《新青年》五卷二号上推出《我之节烈观》。指出，节烈救世说是戕害妇女的畸形道德。节烈是"不利自他，无益社会国家，于人生又毫无意义的行为，现在已经失去了生命和价值"。他认为婚姻的贞操应建立在爱情的基础之上，男女双方都有严守贞节的义务，这是民主健康的家庭生活必须具备的。只有确立男女平等的贞操观念，才能真正取消纳妾制，建立一夫一妻制家庭。由此，男女平等的思想观念得到进一步的理解与传播。

正当新文化运动如火如荼开展之时，1919年5月1日，"巴黎和会"上又传来惊耗：日本不顾国际公法，将德国在山东的租界地、路权、矿权攫为己有；中国专使陆征祥抗议无效；英、美、法、意诸国作壁上观。中国谈判代表、外交总长陆征祥将此事电告北京政府时还说，如不签约，则对撤废领事裁判权、取消庚子赔款、关税自主及赔偿损失等等有所不利。徐世昌总统和总统府的人对此十分担心，就有了签约的意向。徐世昌是位旧派人物，他曾与袁世凯结拜为兄弟，做人处事老成有度而周全，被时人称为"和事佬"总统。

5月3日下午，以林长民为首的北京国民外交协会召开会议，决定阻止政府签约。国民外交协会理事、北京大学校长蔡元培将外交失败转报学生。当晚北大学生召开学生大会，并约请北京13所中等以上学校代表参加，大会决定于4日（星期天）在天安门举行示威游行。

1919年5月4日下午，北京3所高校的3000多名学生代表冲破军警阻挠，云集天安门。他们打出"誓死力争，还我青岛""收回山东权利""拒绝在巴黎和约上签字""废除二十一条""外争主权，内除国贼"等口号，要求惩办交通总长曹汝霖、币制局总裁陆宗舆和驻日公使章宗祥。学生游行队伍移至曹宅，痛打了章宗祥，引发"火烧赵家楼"事件。随后，军警出面控制事态，并逮捕了学生代表32人，从而引发了一场震惊中外的"五四运动"。

据1919年5月11日《每周评论》上的一篇报道：五四当天，步兵统领李长泰劝聚集在天安门的学生散去,有学生骂他是"卖国者",他回答:"你们有爱国心,难道我们做官的就不爱国,就要把地方让给别人么?"事实上,章宗祥遭学生毒打时有人向警察呼救,在场的几十个带枪军警竟然束手无策,说"我们未奉上官命令,不敢打(学生)"。当学生火烧赵家楼时,全副武装的军警都不为所动。中国历史上,读书人的地位向来很受尊敬,张鸣在《北洋裂变:军阀与五四》中说,晚清时节,士兵们就不敢轻易进学堂生事,哪怕这个学堂里有革命党需要搜查。进入民国之后,这种军警怕学生的状况,并没有消除。警察总监吴炳湘出面奉劝学生:"待会儿天气要热了,大家还是早点回去睡午觉吧!"学生的回答更调皮:"大人您年高,也要注意身体哦!"

5月5日,大总统徐世昌与教育总长傅增湘等人在总统府密议,最终讨论的结果是对学生运动不应操之过急,而要采取怀柔、软化政策。徐世昌在平息事态的通令中,既不为曹、章二人争理,也不得罪学生,只把警察总监吴炳湘训斥数语作罢。不料,吴炳湘不肯任咎,逼得老徐只好下令"依法逮办,以遏乱萌"。不料,此令引发更大风波,北大校长蔡元培愤然辞职,新一轮的大规模抗议活动开始。6月3日,北京数以千计的学生涌向街道,开展大规模的宣传活动,但被军警逮捕170多人。学校附近驻扎着大批军警,戒备森严。6月4日,逮捕学生800余人。这又引起全国各大城市学潮涌起,罢工罢市。在强大的社会舆论压力下,6月11日,"和事佬"总统徐世昌只好再令警局释放学生;免去曹汝霖、章宗祥、陆宗舆之职;徐世昌责成官员前去给学生道歉。乘着五四运动的东风,新文化运动的倡导者之一北大教授吴虞,对传统孝道的批判更加升级,1919年11月,他在《新青年》杂志上发表了《吃人与礼教》一文,认为孝并不是什么美德,和其他封建道德一样,其根本精神是维护专制和不平等。他说:"忠孝就是教一般人恭恭敬敬地听他们一干在上的人愚弄,不要犯上作乱,把中国弄成一个'制造顺民的大工厂',孝字的大作用,便是如此。"他说:"父子母子不必有尊卑的观念,却当有互相扶助的责任。同为人类,同做人事,没有什么恩,也没有什么德,要承认子女自有人格,大家都向'人'的路上走。从前讲孝的说法,应该改正。"由此,吴虞被胡适誉为"四川省只手打孔家店的老英雄"。而后,胡适又将其与陈独秀相提并论,是攻击孔教最有力的两位健将。从此,"吃人与礼教"成为进步青年反对封建旧道德的一个响亮口号。再加上学生们直接提出"打倒孔家店""推倒贞节牌坊"等口号,把五四新文化运动推向高潮。

中国当代著名哲学家、教育家冯友兰先生评论道:"五四新文化运动提出打倒孔家店、打倒'吃人底礼教''万恶孝为首'等见解,虽是偏激之辞,却是中国社会发展的必然趋势。所以若当做一种社会现象看,民初人这种呼声,这种见解是中国社会转变在某一阶段中所应有底现象。""但若当成一种思想看,民初人这种见解是极错误底。因为五四新文化者没有看到忠孝观念与其产生的社会组织之密切关联,故见解是偏颇肤浅幼稚的。人若只有某种生产工具,人只能用某种生产方法;用某种生产方法,只能有某种社会制度;有某种社会制度,只能有某种道德。在以家为本位底社会中,孝当然是一切道德的中心及根本。这都是不得不然,而并不是某某几个人所能随意规定者。"①

但是在宋元明清的漫长时期里,先儒的忠孝伦理已经被严重异化、僵化,严重压抑甚至扭曲了人性,这也怪不得五四新文化人认为,"忠孝节义"是国民性的黑暗面。儒家的纲常伦理使得为人子为人妻者,既没有独立的人格,也没有独立的财产。儒家纲常伦理与民主共和制度不能调和。孝道是专制的精神基础,维护着家国一体和专制统治,极大地压制了子女个性的自由发展,是一种奴隶道德。而现代生活需要政治上的独立信仰,子不必同于父,妻不必同于夫。基于个人主义和进化主义的观念,他们认为孝道伦理无法适应现代生活。

1919 年 8 月,李大钊撰文称,中国的纲常名教并不是永久不变的真理,

① 冯友兰:"原忠孝",《新动向》,1938 年第 11 期。

"孔门的伦理是使子弟完全牺牲他们自己以奉养其尊上的伦理,孔门的道德,是与治者以绝对的权力,被治者以片面的义务的道德。""总观孔门的伦理道德,于君臣关系,只有一个'忠'字,使臣的一方完全牺牲于君;于父子关系,只用一个'孝'字,使子的一方完全牺牲于父;于夫妇关系,只用几个'顺''从''贞节'的名词,使妻的一方完全牺牲于'夫',女子的一方完全牺牲于男子。"

傅斯年则在《新潮》首期刊出《万恶之源》一文,说:"中国的家庭是万恶之源",因为它压抑年轻人的个性,"咳!这样的奴隶生活,还有什么埋没不了的?"①

鲁迅发文《我们现在怎样做父亲》,批判孝观念。他说:"中国旧理想的家族关系、父子关系之类,其实早已崩溃。历来都竭力表彰五世同堂,便足见实际上同居的为难;拼命的劝孝也足见事实上孝子的缺少。而其原因便全在一意提倡虚伪道德,蔑视了真的人情。""长者本位思想即父权思想,突出的是自身的威严。""生物为保存生命起见,具有种种本能,最显著的是食欲。因有食欲才摄取食品,因有食品才发生温热,保存了生命。但生物的个体,总免不了老衰和死亡,为继续生命起见,又有一种本能,便是性欲。因性欲才有性交,因有性交才发生苗裔,继续了生命。所以食欲是保存自己,保存现在生命的事;性欲是保存后裔,保存永久生命的事。饮食并非罪恶,并非不净;性交也就并非罪恶,并非不净。饮食的结果,养活了自己,对于自己没有恩;性交的结果,生出子女,对于子女当然也算不了恩。前前后后,都向生命的长途走去,仅有先后的不同,分不出谁受谁的恩典。"

鲁迅先生讲生而无恩时,忘了《诗经》中感念父母抚育之恩的诗篇:"父兮生我,母兮掬我,抚我畜我,长我育我,出入腹我,欲报之德,昊天罔极。"只有代际之间的反哺报恩,人类的种群才能够继续繁衍,从这种意义上讲,孝

---

① 丁守和:《中国近代启蒙思潮》(中卷),社会科学文献出版社,1999年,第68页。

道是可以与人类共始终的。反之,薄情寡恩,将会令人不齿。

自陈独秀发起新文化运动以来,不乏指责之声。文化保守主义者指责新文化运动"反传统",最核心的内容就是痛斥这一运动批评孔子、反对孔教、否定儒家纲常。

这些激进分子们大都是中国很有学问的人,无不都是读着"四书五经"长大的,他们之中不少人喝了洋墨水以后眼界更是开阔,岂不知道中华传统文化有着优秀的思想道德?难道他们就那么轻浮地全盘否认儒家纲常?如果我们把这一运动置于具体的时代环境和社会条件中进行考察,就会发现,其实,他们并不是针对传统,而是针对现实。辛亥革命后,康有为所发起的"立孔教为国教"运动,先后与袁世凯称帝和张勋复辟直接捆绑在一起,彼此呼应,使儒家纲常成为这些野心家、复辟狂开中国历史倒车利用的工具,这与民主共和背道而驰。正是这个严峻的现实,激起了新文化运动对孔子儒家纲常的批判,这在当时是多么需要,其历史意义又何其大!只是随着运动的发展,使之在对传统道德的批判中出现种种偏颇,背离了原本鲜明的时代性,从而使陈独秀和新文化运动由反帝制、反复辟变成了简单的、大规模的"反传统"。

"五四新文化运动虽然存在着过激和粗暴的问题,但其大方向是没错的。中国历史迈向人道的进步不能不归功于鲁迅那代知识分子对正统儒教口诛笔伐的批判,五四新文化运动为后来的人能够幸福地度日,合理地做人树立起彪炳青史的旗帜。与其将五四新文化精神与中国传统文化对立起来而水火不容,不如将二者视为互补而并行不悖。"①

然而,孝道伦理是中华民族共同的一种心理情感,是一种普遍的伦理道德和持续不断的人文思想。不论社会如何变化,只要人类还以家庭的形式

① 李今:《以洋孝子孝女故事匡时卫道——林纾汉译"孝友镜"系列研究兼及五四"铲伦常"论争》,载《文学评论》2016 年第 1 期。

繁衍生息,那么父慈子孝、养老抚幼等一系列儒家优秀的伦理道德就是维系家庭必不可少的道德规范。因此,那些优秀的传统伦理道德,在批判者的现实生活里仍然奉行着。

二、新文化运动代表人物的"孝道悖论"

五四新文化运动的健将们,为了时代的需要,对传统忠孝伦理道德进行猛烈的批判,这是应该的,但他们回到家庭中还是要面对实际生活,父母还是该孝敬的,小孩子还是应该教养的。他们不能将他们付诸笔端的某些观点落实在自己实际生活里,更不会因此而茕茕孑立于众人之外,被看作孝道的一个异类。"在五四反传统的新文化运动中出现了一个奇特现象,当时的一些知识分子一方面无情地抨击孝道,一方面又深情地躬行孝道,我们将此现象称为'孝道悖论'。孝道悖论以一种耐人寻味的方式呈现了当时知识分子在孝道问题上认识与实践的矛盾以及情感与理智的冲突。""他们未能将某些具体行孝规定与源自内心的孝意识和孝义务加以明确的区分,这是导致孝道悖论的重要原因。孝道悖论从一个侧面显示了孝的不可否定性。"①

鲁迅在新文化运动中说过,亲子关系只是由亲辈的性欲冲动造成的,所以父母对子女并无恩情,子女也没有孝敬父母的道德义务。"鲁迅所谓的'生物学的真理',忽视了亲子关系中的一个基本事实和要素,即父母于子女不只是生产,还有养育。养父母的恩情,就更不能还原为性欲冲动了。""生育是父母对子代有意识的重大付出。不能因为一个村妇哺乳婴儿的时候决不想到自己正在施恩,就在义理上断定村妇无恩可言。"②猛烈抨击传统孝道的鲁迅先生,并未影响他自己孝敬自己的母亲,他甚至在同事们眼里有孝子之名。"鲁迅童年时在封建家庭和私塾教育中耳濡目染,儒家的孝道思想深

---

① 黄启祥:"论五四时期的'孝道悖论'",《文史哲》,2019 年第 3 期。
② 张祥龙:"新文化运动导致今天'孝道不再'",第九届中国文化论坛的发言,2015 年 5 月 9 日。

入内心。鲁迅对封建孝道思想是矛盾的,有顺从的一面,又有反感、批判的一面,妥协又叛逆。"①

什么样的论证也比不上鲜活的事实证明。我们讲一下鲁迅先生在家庭生活中的孝行:

鲁迅1881年出生在浙江绍兴一个破落的封建家庭,其父亲周伯宜,秀才出身,因屡应乡试未中,一直闲居在家。鲁迅的母亲鲁瑞,绍兴乡下安桥头人,其父鲁晴轩秀才出身,在偏僻的安桥头村可谓是大户人家了。鲁瑞22岁时嫁到周家,先后生下了鲁迅、周作人、周建人三兄弟。鲁迅6岁入塾。11岁从三味书屋寿镜吾先生读书。鲁瑞待人和蔼,心地仁厚,上对父母、公婆竭尽孝心,下对子侄晚辈慈爱有加。儒家传统道德的教育和母亲仁慈、刚强的品德给鲁迅极大的影响。

1902年2月,鲁迅由江南督练公所派赴日本留学,入东京弘文学院。鲁迅在日本牵挂着母亲,给母亲写信,请她剪发。母亲回信说:"老大,我年纪已大,头发以后剪,足已放了"。

1906年,母亲鲁瑞接连不断地写信催鲁迅回来结婚,使鲁迅焦躁不安。鲁迅爱自己的母亲,同情母亲的寡居生活,他不愿意刺伤母亲的心,于是,他妥协了,接受母亲给予他的"礼物"——于6月回国与朱安结婚。

新娘是鲁迅本家叔祖周玉田夫人的同族孙女,名叫朱安,大鲁迅3岁。在族人的簇拥和司仪的叫喊声中,鲁迅木然地与朱安拜了堂,然后任由人扶着上了楼上的洞房。"鲁迅这才第一次打量他的新娘:一副黝黑狭长的脸型,面色黄白,尖下颏,薄薄的嘴唇使嘴显得略大,宽宽的前额显得微秃。矮小的身材,尖尖的小脚。伤心、懊悔、失望,不知所措,掺杂着悲凉的同情,他感受着现实强加给他的无爱情的婚姻的痛苦。"②

---

① 孙素艳:"试论孝道思想对鲁迅的影响",《辽宁师专学报(社会科学版)》,2014年第1期。
② 李美皆:"朱安嫁鲁迅幸耶不幸",《文学自由谈》,2000年第5期。

乔丽华在《我也是鲁迅的遗物——朱安传》一书中说：鲁迅曾对友人说："她是我母亲的太太，不是我的太太。这是母亲送给我的一件礼物，我只负有一种赡养的义务，爱情是我所不知道的。"友人问："你明知无爱，为何不离婚呢？"他解释说："一是为尽孝道，二是不忍让朱安作牺牲，在绍兴，被退婚的女人，一辈子要受耻辱的。"鲁迅仅仅跟朱安维持着一种形式上的夫妻关系。朱安在绍兴陪伴婆婆孤寂度日，就一如传统的绍兴太太般地做着家务，奉养着婆母。

1916 年阴历 12 月 19 日，是鲁迅母亲周老太太 60 大寿，鲁迅先寄回 60 元钱。在生日将临时，他又特意从北京赶回绍兴为母亲祝寿。母亲从小爱看社戏，爱听平湖调，为了让母亲愉快，鲁迅特邀请平湖调演员来家里演唱。这一天，全家热闹非凡，是母亲最高兴的一天。

鲁迅尊重母亲的意愿，没有与朱安离婚，夫妻一直是南北分居。他没有对朱安发过什么怨言和牢骚——因为那是母亲的"礼物"。鲁迅曾对人说："阿娘是苦过来的！"处在长子地位的鲁迅对母亲充满着恭顺和孝敬。在他的日常生活中，以及致母亲的书信中，都能让人感觉到他孝子的情怀。

1919 年 12 月，鲁迅回乡卖掉祖屋，将母亲、朱安、二弟全家与三弟都接到了北京，住在北京西直门内八道湾胡同 11 号的一座四合院里。那时鲁迅除在教育部任金事外，还兼任北京大学、北京高等师范学校及女子高等师范学校的讲师，抽空还要写作，但他仍尽力抽出时间来陪同母亲到香山、碧云寺、钓鱼台等地游玩。有时陪母亲读书看报。鲁迅每次出门，都要到母亲房里说一声："姆娘，我出去哉！"每次回家，也必到母亲房里说一声："姆娘，我回来哉！"然后问问有什么事。每月开了工资，鲁迅都要买回各种点心，总是先送到母亲房里，要母亲挑选合意的留在母亲的点心盒里，然后再送朱安，由她挑选，最后拿回自己吃，对母亲的衣食住行悉心照料。

1927 年 10 月，鲁迅与许广平去了上海，正式开始了他们公开的同居生活。鲁迅在上海每月按时给母亲寄百元生活费，从不短缺。母亲爱吃火腿，他就经常寄去。母亲爱读言情小说，他就购买张恨水、程瞻庐的小说寄去。有些小说鲁迅自己并不喜欢，但只要母亲爱看他就买。母亲曾两次有病，鲁迅两次赴京探望，总是亲自请医、取药，到母亲病愈了才回上海。

鲁迅自去了上海，一直到 1936 年去世。在他生命的最后十年中，写给母亲的信多达 220 余封。不仅向母亲报平安，免得母亲挂念，还经常把近照寄给母亲。鲁迅在得病的最后几年里，他出于孝心，没有把病情告诉母亲，自己的一些险境也从未向母亲提起过，他就是要母亲过一个安乐无忧的晚年。直到临终前，鲁迅才在给母亲的信中说出了自己患病的实情。

对一个民族来说，鲁迅是民族魂；对家庭他是个孝子；对于侄辈，他视同己出；对于儿子，他充满慈爱；对于妻子，他平等真诚。鲁迅的好朋友许寿裳曾经说过，鲁迅的伟大，不但在其创作上可以见到，就是对待其母亲起居饮食、琐屑言行之中，也可以见到他的伟大。

再看另一位五四新文化运动"首举义旗的急先锋"的胡适在家庭伦理中的表现：

1918 年胡适加入《新青年》编辑部，很快成为这一阵营的主将。同时他所在的北京大学和《新青年》编辑部也成为新文化运动的主要阵地。胡适演讲非常频繁，讲人生观、贞操问题、妇女问题等，抨击中国传统价值观、伦理道德和社会观念形态，向青年发出"个性解放、独立人格、精神自由"的号召。胡适在对旧文化的批评中发表了很多有影响的文章，教化了一代青年，当时他以二十几岁的年龄即暴得大名，被誉为"青年导师"。

相比其他新文化的主将来说，胡适对旧文化的反叛，对"孔家店"的清算，其实不是对传统儒学的抛弃，而是扬弃。胡适用理性的实证主义的扬弃方法将中国旧哲学改造与新文化建设结合起来，力求在中国建立一种全新的文化架构和现代文明。这些思想充分体现着民主、科学、革新、进取的精神。他是中国鲜有的划时代具有独立思想的先哲，开一代风气。

胡适在五四新文化运动中温和地批判过传统孝道文化，但他没有像陈独秀、鲁迅等人那样激进的言行,这与他一向温和的性格有关。"胡适认为父母并非有意生下子女,也未征得子女同意,父子之间没有什么恩情,父母无权要求子女尽孝。"①然而,胡适虽然思想解放了,但行动上却妥协了,他自己在实际生活中却难以做到他号召的某些精神。他温和地服从了母亲对自己婚姻的安排,又温和地为人处世、敬养自己的母亲,堪称孝子。

胡适 1891 生于江苏省松江府川沙县(今上海市浦东新区),祖籍安徽绩溪上庄村。他是读着"四书五经"长大的大名人,骨子里已经浸透了儒家传统道德,尽管喝足了洋墨水,接受了新思想,但他们在中华民族传统美德孝悌方面仍然坚守不易。蒋介石在胡适去世时写了一副挽联:"新文化中旧道德的楷模,旧伦理中新思想的代表"。

胡适的母亲冯顺弟是安徽省绩溪县中屯人。她慈眉善目,处事稳重,手脚勤快,村里人都说冯家修了个好女儿。顺弟望着父亲为盖新屋而忧愁的面孔,常恨自己不是个男子,不能帮助父亲赚钱建新屋。顺弟 16 岁这年春天,上庄的星五嫂来到中屯给冯顺弟说媒。说的是星五嫂自家的大侄儿——人称"三先生"的胡传。胡传时年 48 岁,是清末贡生,曾在东三省、上海任官职。前妻曹氏死了十多年,儿女都已长大,他想续娶个填房。顺弟听了这事后,低着头,半晌不肯开口。"三先生"她是见过的,人家都说是好人,可是,"三先生"比自己大 32 岁,又是填房。然而,顺弟又想,做填房可以多要些聘金财礼,可以解决父亲盖新屋的困难,这是报答父母的好机会,于是,她应承了这门亲事。

婚后的第三年,即 1891 年冬天,胡适出生。刚满 90 天时,胡传被调往台湾供职,胡母只得带着孩子回到老家,成了胡家大家族的主母。1893 年春天,冯顺弟抱着小儿子去台湾投亲,在胡传做官的台南度过了将近两年的欢快生活。1894 年中日甲午战争爆发。第二年,清政府被迫与日本签订了《马

---

① 黄启祥:"论五四时期的'孝道悖论'",《文史哲》,2019 年第 3 期。

关条约》，胡传只好卸任回国。他安排夫人、幼子先行回到绩溪故乡。不久，就传来了胡传病死在厦门的噩耗。此时的胡适仅3岁零8个月，冯顺弟23岁。

冯顺弟开始了守寡的生活，她一心想把孩子培养成一个乡贤。胡适才三岁半，就让他进私塾。冯顺弟仁慈而质朴，为了主持好一大家子，时时处处小心谨慎，宁愿自己委屈也不愿弄得家庭不和，她从来没说过一句伤感情的话。这一切胡适都看在眼里，对他品格的形成产生了很大的影响。胡适深深地爱着他的母亲，他后来曾感慨地说："在这广漠的人海里独自混了二十多年，没有一个人管束过我。如果我学得了一丝一毫的好脾气，如果我学得了一点点待人接物的和气，如果我能宽恕人、体谅人——我都得感谢我的慈母。"

1904年正月，胡适随母到绩溪旺川的姑奶奶家走亲戚。恰巧，江冬秀也随母亲来同一家走亲戚。江母看中胡适眉清目秀，聪明伶俐，就想把女儿冬秀许配给他。江冬秀出身于仕官之家，父亲江世贤早年辞世。江冬秀读过几年私熟，缠小脚。胡适的母亲对这门亲事颇有顾虑：一是冬秀大一岁，绩溪俗谚有"男可大十，女不可大一"之说；二是冬秀属虎，属虎的人八字硬，尤其是女人属虎，"母老虎"更厉害，因此不肯表态。

江母一心想成就这门亲事，又托胡适的本家叔叔、在江村教私塾的胡祥鉴做媒。胡祥鉴为成全这桩喜事，在胡母面前千般说好。胡母这才同意让他把冬秀的"八字"开来看看再说。红纸"八字"送来了，算命先生请来了，结论是"女方命里宜男，生肖相合，不冲不克，女大一并不妨碍"。胡母又把红纸"八字"叠好，放进摆在灶神爷面前的竹筒里。那竹筒里先前已放进了几个女子的"八字"。过了一段时间，家中平安无事，没有一点不祥之兆。胡母这才虔诚地拜过灶神，拿下竹筒摇了摇，然后用筷子夹出一个"八字"来，摊开一看，正是江冬秀的，真是"天赐良缘"。于是，14岁的胡适与15岁的江冬秀的终身大事就这样定了下来。

　　订婚后,胡适结束在故乡上庄9年的私塾生活,离开母亲赴上海求学。1910年,19岁的胡适考取庚子赔款官费赴美留学生。1911年2月18日,胡适在美国给母亲写信,"糜儿百拜,遥祝吾母大人新禧百福。儿今日有大考一次,考毕无事,因执笔追记入学以来之事,以告吾母"。接着,他向母亲讲述了其在美国的大学生活等情况,让母亲放心。

　　胡适去美国后,江冬秀每年不定时地到上庄村去陪伴婆婆,做点家务。胡适在美国康奈尔大学初读农科,一年半后改读政治、经济,兼攻文学、哲学,后又赴纽约哥伦比亚大学攻读哲学。在美留学7年间,胡适与母亲保持书信来往。一封封家书,倾注了胡适这位年青学子对母亲的无限思念,一片孝母之情可鉴。

　　胡适结交了一位美国女友,明明已有了新的选择的可能,却不得不葬送掉。因为他爱母亲,不忍心伤害母亲。尽管胡适心里满怀婚姻的委屈,但他将心里的苦涩隐藏起来,他无论如何也不逆于母亲的叮嘱,竭力以自己的成就去抚慰母亲。

　　1917年7月,胡适从美国学成回国,被北京大学校长蔡元培聘为教授。紧接着,胡适急切地返乡探望老母。母亲对他说,这次无论如何也要成亲。最后商定于该年寒假结婚。转眼间北大放寒假了。胡适回家与江冬秀举行了文明婚礼。胡适的婚姻是母亲一手包办的。双方性格、志趣、文化素养格格不入,洋博士胡适西服革履,一手高举民主、自由、科学的大旗,一手牵着穿蓝布大襟褂子、缠着小脚的文盲太太,行走在中国20世纪初叶的士人舞台上,简直是一幅绝妙的幽默画。

　　婚后,胡适为使妻子照顾母亲,就自个儿回到北京。次年,即1918年开春,江冬秀才离开乡村来到胡适身边。是年11月,胡适劳碌一生的母亲在家乡病逝,享年仅46岁。悲痛欲绝的胡适与刚完婚不到一年的妻子江冬秀回家奔丧。胡适十分痛苦地写下《先母行述》,其中道:"生未能养,病未能侍,毕世勤劳未能丝毫分任,生死永诀乃亦未能一面。平生惨痛,何以如此!"胡适追忆母亲时充满深情地说："我母亲23做了寡妇,又是当家的后母。这种生活的痛苦,我的笨笔写不出一万分之一二。"

江冬秀虽然是一个深受封建旧礼教的女人,但颇有魄力,遇事能决断,具有女汉子的性格。一次,胡适受邀给蒋梦麟和陶曾谷证婚,因为蒋梦麟是抛弃了发妻和陶曾谷结婚的,所以江冬秀死活不同意胡适去参加他的婚礼,把胡适锁在家里,不准他出门。胡适是一个重承诺的人,虽然他怕老婆,但既然答应了蒋梦麟,他就一定要去。胡适告诉江冬秀,蒋梦麟一为校长,二为多年好友,所以非去不可。但江冬秀根本不予通融。最后无奈之下胡适选择了爬窗逃走。

"1923年,胡适与在杭州师范读书的同乡、当年婚礼上的伴娘曹诚英,在西湖烟霞洞演了一出荡气回肠的恋情话剧。这时的主妇江冬秀已经老练了,得知胡适的婚外情,只见她操起一把菜刀,一手搂住只有两岁的小儿子思杜(1921年生),对胡适吼道:'你要娶那个狐狸精,要和我离婚?好!我先杀掉你两个儿子!再杀我自己!我们娘儿仨都死在你面前!'这恐怖的场面把胡适镇住了,他再也不敢开口提半个'离'字,也不敢同曹家妹子公开来往,安安心心地与江冬秀琴瑟相调地过日子。"①胡适一生受到许多才貌双全女子的追慕,他却不敢越雷池一步,不敢离婚。江冬秀洞破了胡适爱面子的弱点,所以她一旦发现胡适的婚外恋情,就泼辣如虎,将胡适制服。

胡适始终怀着"子欲养而亲不待"的愧疚心情,不再辜负与母亲密切相关的人。胡适的孝心令他周围的人感动,他因此也就有了"孝子"之名。

新文化运动中的代表人物在对孝进行各种批判时,有意或无意地忽视了这个传统道德的合理根据,因此他们全盘非孝的言论难以让人信服,既未说服别人也未说服自己。真正令他们躬行孝道的是源自其内心的孝意识与孝义务,也就是中华民族传承不易的忠孝传统。这就使得新派知识分子身

---

① 文楚:"胡适和小脚夫人婚姻趣事",《名人传记》(上半月),2008年第6期。

受传统与现代双重观念的影响，在颠覆旧道德的同时不能完全挣脱传统礼教的羁绊，新旧道德同时在他们的生活中发生作用。而批评孝道者终究都难以否认自己的孝心，这是否意味着"孝"从根本上是无法否定的，孝是符合人性并且必然自人性而出的德性。

五四新文化运动中的健将们的孝道悖论，当然不关他们个人的诚信问题，而是认识与实践的矛盾以及情感与理智的冲突，往往是针对某些具体的"天伦"说得到而做不到。那么就没有人能做得到么？有！他就是"五四运动"的总司令、马克思主义的积极传播者、中国共产党最重要的创始人、北京大学教授陈独秀！他在对封建旧的家庭伦理道德批判的同时，不仅在理论上提出了一些新的主张，而且通过自身的实践为社会树立了崭新的形象。他不仅说到了，而且也做到了！

陈独秀，一位伟大的共产主义者，一位理想主义者，他激进地畅想着，他勇猛地批判着、践行着。他不像其他五四运动的同人们那样"道德悖论"，他连最不能丢弃、也不可能丢弃的也强行丢弃了。文化的转型需要理智，东方与西方、传统与现代的纠结和论争都应立足于传统思想道德的基石上进行，感情用事不能解决问题，反而误了自己。

许多先进的知识分子看到西方国家在近代西方思想的引领下强大起来了，自然希望向成功者讨得一些经验。学习西方文明这没错，殊不知，西方的崛起，正是建立在他自己以往所有的历史文化上，若想将过往中国数千年历史撤去不谈，凭空移植进一整套西方文化，能相匹配吗？"五四时期的家庭伦理思想的变革脱离了改造产生传统家庭伦理思想的社会环境的革命实践，仅仅局限于精神道德领域，并没有触动和改变中国的社会结构，新的家庭伦理文化由于缺乏社会经济政治基础，难于持久立足。这说明单纯的思想启蒙运动的作用是有限的。要想破除旧的家庭伦理观念，使新的家庭伦理文化为平民所接受,需要社会的物质、制度和精神文化的全面配合。"①

三、反对派对传统孝伦理道德的维护

在五四新文化运动家庭伦理革命的时代氛围中,就有一些家庭子弟跳出来挑战父兄权威,围绕读书、就业和结婚不知生出了多少家庭内部的新旧之争。"孝道地位的动摇意味着怎样对待父母成为个人的选择。受新思潮感染而成长的五四青年相信:'当孝的就孝,不当孝的还是不应孝。'这其实意味着从前不容置疑的孝道地位已经大不如前。青年程祖洛也说:'为子女者,可群起而逆亲。父子之间,势必成为仇敌。'还有人观察到'人子之不顾其亲者,比比也,人子之逆骂逆殴其亲者,比比也'的可悲现象。"②许多的青年,正热衷于冲破封建家庭的枷锁;家长们只好放任子女到社会上去,在家中则不敢以督责施于子女。这就使得尊重中华文化的复古派与五四激进派发生了针锋相对的斗争。

新旧文化、东西文化之争成为当时人们热议的焦点。被称为"最后一个儒家"或"新儒家第一人"的北大哲学教授梁漱溟在"五四运动"反孔大潮中替孔子说话,以接续儒家道统为志业。他说:"孔子的伦理,实寓有所谓挚矩之道在内,父慈、子孝、兄友、弟恭,是使两方面调和而相济,并不是专压迫一方面的——若偏敬一方,就与它从形而上学来的根本道德不合,却是结果必不能如孔子之意,全成了一方面的压迫。""西洋人是先有我的观念,才要求本性权利,才得到个性伸展的。但从此各个人间的彼此界限要划得很清,开口就是权利义务、法律关系,谁同谁都是要算帐,甚至于父子夫妇之间也都如此,这样生活实在不合理,实在太苦。中国人的态度恰好与此相反:西洋人是用理智的,中国人是要有直觉的、情感的;西洋人是有我的,中国人是不

---

① 李桂梅:"略论近代中国家庭伦理的嬗变及其启示",中国网,2011 年 12 月 27 日。
② 赵妍杰:"近代中国非孝论反思",《社会科学研究》,2018 年第 1 期。

要我的。在母亲之于儿子,则其情若有儿子而无自己;在儿子之于母亲,则其情若有母亲而无自己;兄之与弟,弟之与兄,朋友之相与,都是为人可以不计自己的,屈己以从人的。他不分什么人我界限,不讲什么权利义务,所谓孝、佛、礼、让之训,处处尚情而无我。"

中国文化是吃人的文化吗?中国文化为什么传承不灭?梁漱溟在他的著作《中国人》中回答说:如其孔孟之道就是吃人礼教,则数千年来中国人早被吃光死光,又岂能有民族生命无比绵长,民族单位无比拓大之今日?显见得孔孟之道自有其真,中国民族几千年实受孔孟理性主义之赐。不过后来把生动的理性、活泼的情理僵化了,使得忠孝贞节泥于形式,浸失原意,变成统治权威的工具,那就成了毒品而害人,三纲五常所以被诅咒为吃人礼教,要即在此。

梁漱溟先生对孝文化的分析是客观公允的。在中国长达两千多年的封建社会中,作为社会细胞的家庭中,父母子女间的人伦关系,不可能是压迫奴役的单向义务关系。有学者评论道:"陈独秀和梁漱溟对中西文化的异同作了详尽而深入的比较研究,对重建中国文化提出了各具特色的方案,前者对中国传统文化持激进的批判态度,后者对传统文化持卫道者的立场。他们对中西文化的反思,乍看相反,实则互补。"[①]新文化运动的反叛性价值取向为中国社会走出中世纪,迈向现代化所必需,而梁漱溟执意维护飘摇欲坠的儒家价值体系,主张固守儒家道德人本主义传统,设法从中国文化的"根"上生发出现代化的"新芽"来。他对复兴儒学的艰苦运思,对于补救新文化运动的偏失也是非常有助益的。陈独秀和梁漱溟的文化探索与反思弥足珍贵,是不朽的。

梁漱溟的父亲梁济因为看不惯社会上传统道德的沦丧而产生愤激之

---

① 史云波:"陈独秀与梁漱溟的中西文化观异同论",《江苏大学学报》(社会科学版),2002年第3期。

情,于1918年11月8日投积水潭(北京静业湖)自尽。梁济1858年生,广西桂林人。27岁中举,40岁时才踏上仕途,清末民初,先后做过教谕、内阁中书,民政部主事等官职。梁济生前积极参与各种社会运动,也办过报纸。1918年11月7日早晨,梁济与已经做了北京大学哲学教师的儿子梁漱溟闲谈了几句。末了,梁济问他的儿子:"这个世界会好吗?"梁漱溟回答:"我相信世界是一天一天往好里去的。""能好就好啊!"梁济说完就离开了家。[①] 三天之后,梁济留下一篇《敬告世人书》,在积水潭投湖自尽。

梁济在遗书中写道:"观今日之形势,更虐于壬子年百倍,直将举历史上公正醇良仁义诚敬一切美德悉付摧锄,使全国人心尽易为阴险狠戾……民彝天理将无复存焉。"在他看来,传统道德被抛弃,又没有新道德与法纪约束心行,以至人心从恶,"全国人不知信义为何物"(《敬告世人书》)。梁济认为,如果正义、真诚、良心、公道等"吾国固有之性,立国之根本丧失,长此以往,则国将不国"(《留示儿女书》)。梁济对一个崭新的民国是抱有强烈的期待的,但现实无情地粉碎了他的期望。

五四运动中新旧思想文化最为激烈的论战发生在1919年上半年。五四新青年派与以林纾为代表的旧派的论战进入白热化阶段,这主要是围绕新旧文学思想的斗争。但施存统发表题为《非孝》的文章后,转而引发了一场关于"孝道"的论战。

施存统,浙江金华人,1919年他是浙江省立第一师范学校二年级学生。在五四运动鼓舞下,施存统于11月7日在校刊《浙江新潮》第2期上发表了《非孝》一文。文中认为一味尽孝是不合理的,要以父母、子女间平等的爱代替不平等的"孝"。他分析了自己的写作心境,"我要救社会,我要救社会上和我母亲一样的人!……人类应当自由的,应当平等的,应该博爱的,应当互助的;孝的道德与此不合,所以我们应当反对孝。"

---

① 余世存:"梁漱溟家族:选择和承担",《名人传记》(上半月),2016年第1期。

此文内容大意是要打倒不合理的孝和行不通的孝，并非对孝全面否定。此文发表后，在社会上引起很大冲击。"有些人哗然骇怪，而所攻击者，不重在施存统个人，却是扩大到整个学校，特别集中在校长经亨颐身上。守旧势力将思想进步的一派称作'过激主义'，视第一师范为'祸水'。"①以浙江省长齐耀珊为首的反对派布成"倒经"的阵势，以"非圣、蔑经、公妻、共产"八字为经亨颐的罪状，查封《浙江新潮》。事情越闹越大，北京的北洋政府发出了"查禁浙江新潮"的电报，加此刊罪名为"主张家庭革命，以劳动为神圣，以忠孝为罪恶。"

省长齐耀珊批评施存统《非孝》一文，他说："尤于我国国民道德之由来，及与国家存立之关系并未加以研究，徒摭拾一二新名词，肆口妄谈。"中华书局图书馆馆长傅绍先也痛斥"彼主张非孝者，是直率人而入于禽兽也"。章太炎反对非孝说，"今人侈言社会、国家，耻言家庭，因之言反对'孝'"。"孝之一字，所言至广，岂于社会国家有碍？且家庭如能打破，人类亲亲之义，相敬相爱之道，泯灭无遗。则社会中之一切组织，势必停顿。社会何在？国家何在？"②

这场风波的结果是：经亨颐校长被免职，陈望道、夏丏尊等新派教授被勒令离开学校，施存统和几位参与办刊的同学则被逐出杭州。

在五四新文化运动中，还有数不清的传统文化的捍卫者，更有一大批的前清遗老们竭力坚守着封建道统，比如被称为"胜朝遗臣"的华世奎就是一个典型案例。

华世奎1864生，字启臣，天津人。19岁中举人，由内阁中书考入军机处，擢升为军机领班。1911年，清廷成立以庆亲王亦劻为首的内阁，华世奎被提升为内阁阁丞，升正二品。"百日维新"后，弃官隐居天津，不再参与政

---

① 姜丹书："施存统的《非孝》与'浙一师风潮'"，《民国春秋》，1997年第3期。
② 赵妍杰："为国破家——近代中国家庭革命论反思"，《近代中国研究网》，2019年6月18日。

事。"华世奎对梁济的遗书之言自然会熟知并有同感。他看到新学流行,学习西方文化成为时代潮流,而代表传统文教的经训则被废置打倒,他认为对于传统文化而言,这一灾厄比秦始皇焚书坑儒还要猛烈。"①

华世奎对清室极为忠诚,辛亥鼎革后,除了不易服剪发,不用民国年号外,还拒绝在北洋政府为官,也不在溥仪小朝廷中担任一官半职,这与郑孝胥、罗振玉、胡嗣瑷等显然不同。1932 年伪满洲国初立之时,溥仪想通过罗振玉跟华世奎的关系,拉华世奎下水。"华世奎碍着老友情面,才对罗振玉说:'鄙臣患有足疾,行走不便,就不去了罢。'可私下里他告诉家人:'皇上是满洲国的皇上,已不是大清国的皇上了,他穿西服,勾结日本,背叛祖宗,我作为大清旧臣,绝不能背叛先朝,与其同流合污!'其人品、气节和民族意识值得称颂。"②

在五四新文化运动期间或前后,价值观念不同引起的争论、对立表现在社会的各个方面。有人认为孝敬父母是天经地义的,是国性的象征,是维系社会、绵延种族的重要观念,是做人的基本准则;有人认为孝道危害国家种族,压抑个人,是制造顺民的大工厂,深信人有能力构建一个全新的无父无母的时代。除了这两大类观点外,还有许多人的形形色色的观点,在不同场合、利用不同媒介发声、争论。

受新思潮感染的青年不愿再做父母期待的儿女,而要冲破家庭寻找真正的自我,他们用具体行动来发声,通过反抗家庭来脱离旧式的人生轨迹,表达了过新生活的愿望。就连思想激进、提倡非孝的吴虞也发出"今之子弟似亦难教"的感叹。"孝道对子女约束力下降的同时,父母的责任却没有减轻。"至于今日,父母已无责备子女以孝养之权利,而饮食之,教诲之,乃为父母不可逃之义务。"

一个民族千百年来的文化积淀是本民族代代相传的精神财富,体现着

---

① ② 杨传庆:"盖棺不变此心丹——清遗民华世奎诗歌略论",《新文学评论》,2015 年第 1 期。

民族精神的深层底蕴，具有超越时空、历久而弥新的精神力量，是不容易改变的。正像方晓珍教授说的："中华文化在数千年的发展史中，逐步形成了一系列规则、秩序、理念和信仰，构成了中华民族深厚悠远、一脉相承的文化传统。家庭伦理思想的变革，脱离了社会环境的革命实践，仅仅局限于精神道德领域，并没有触动和改变中国的社会结构。从传统的束缚中蝉蜕而出的中国近代文化在西方文化强力冲击下仍然接续着中华民族的精神血脉。"①

今天的人们，应当客观理性地看待中华传统文化。在继承五四精神的同时，走出非对即错的二元认知模式，重新看待这些在论争中被否弃的旧派人物，重新审视这些旧派的时代境遇和历史命运。不要把中西的问题视作"是非"的问题，甚至全盘否定中国固有的文化传统。五四新文化运动的实践证明，外来文明或可作为养料，却不能本末倒置。

但是无论如何，五四新文化运动是中国现代史上的重大转折点。经过它的洗礼，传统忠孝文化开始洗去封建专制性、愚昧性和非人性，转而向新型孝文化发展。许多人冲破家庭的牢笼和羁绊，站在时代前列，以天下和社会为己任，为民族尽大孝——这仍然是在延续两千多年的忠孝文化根基上产生出来的。

新文化运动的后期进入了宣传十月革命和马克思主义的新阶段。鉴于当时空谈各类舶来主义的多，研究实际问题的少，胡适发表了《多研究些问题，少谈些主义》一文，以此为标志，以胡适等人为代表的大批学者逐渐转向自由主义，李大钊、陈独秀等人转向信仰共产主义。

---

① 方晓珍："近代以来我国传统文化形象的演变及其启示"，《青海社会科学》，2013 年第 4 期。

第二节 共和体制下传统孝文化的延续

民国初期的十多年里,北洋政府经历了最初袁世凯执政的尊孔复古,接着又经过"五四新文化运动"对尊孔复古的激烈批判。可是,大总统徐世昌(1918 年 9 月当选为中华民国总统)仍然延续袁世凯时期的那套尊孔复古政策,推行的依然是袁世凯曾颁布的一系列尊崇伦常、尊崇孔圣文等传统孝文化。新文化运动的效果在统治者那里非常有限,党政军界高层除表面上接受一些新事物外,基本上还是延续着传统伦理道德,乡村广大地域上的老百姓新思想、新观念极少,依旧守候着传统道德思想过日子。

一、武人干政,北洋政府对传统孝道德的承续

徐世昌 1855 年生于河南,先后考中举人、进士,授翰林院庶吉士、编修。袁世凯小站练兵时,徐世昌是他的谋士,最先提出了比较完整的近代军事理论,制定了中西结合的军制、法典、军规、条令及战略战术原则。1905 年徐世昌任军机大臣,署理兵部尚书。民国成立后,袁世凯出山、逼宫、掌权三部曲,背后的导演都是徐世昌。徐世昌深谋远虑,进退有度,在袁世凯称帝时以沉默而远离之。

1919 年 10 月,徐世昌亲自举行秋定祭孔,同时组织了"四存学会",以昌明"周公孔子之学"为宗旨,力图恢复中华传统文化,他与袁世凯一样尊孔复古。徐世昌又修订了《褒扬条例实施细则》颁行全国,进一步强化封建礼教,国务总理段祺瑞对此倾力支持。

段祺瑞于 1916 年至 1920 年间,几度出任民国总理一职。他代表的皖系军阀实际控制着北洋政府(称皖系军阀执政时期)。虽说 1918 年 10 月段祺瑞下野了,专任参战督办,但他一直通过安福系在幕后操纵政权。徐世昌并没有多少实权,只是段祺瑞的一个"傀儡"而已。

袁世凯去世后,北洋军阀集团出现派系斗争。各地军阀在名义上的北京中央政府统一之下各行其是,各自为政,社会动荡不安,四分五裂。军阀政治思想醉心权谋术变,以民主之名,行专制之实。资产阶级民主制度,如责任内阁制、国会、选举等成为军阀手中蛊惑人心装扮门面的工具。他们迷信的是武力和专制,讲究忠孝仁义。"武人干政,凡拥兵数千,号为师旅长者,皆得盘踞县邑,以为采地;大或连城数十,恣肆其间,兵力所至,闾里为墟。"①军阀们以枪问政,有枪就有势,军权就是政权,政治武化,因而导致中央政府变动无常,并无号召全国的实际权力。

段祺瑞和徐世昌都是袁世凯的至交,也同样是传统忠孝文化的坚守者。那时候贪腐载道,段祺瑞却坚持儒家操守,正身修己,执政亦比较廉洁。段祺瑞与袁世凯私交深厚,但他反对袁世凯称帝。中国社科院近代史所研究员丁贤俊说,段祺瑞能冲破20年与袁世凯结下的长僚关系和亲密私交,弃官冒死维护共和,毅然反对洪宪帝制,对于一个在忠孝节义封建道德薰陶下,成长起来的将领来说,确实难能可贵。

虽说民国进入了共和时代,但共和行政官僚体系却始终没有建立起来。段祺瑞操纵的政府在施政作为上,仍然是以儒家的道德规范为出发点,一直主张用教化的方式去改造人的内心,培养"忠孝"的伦理观念,维护国家体制。"北洋政府的统治者在思想文化上的政策和措施具有两面性:一方面,维持中华民国已是失去真义的空招牌,时时以'共和'相标榜,以正身份;另一方面,大多数军阀的思想又是守旧的,对新文化运动进行压制,这就为文化复古主义的抬头大开方便之门。北洋政府在思想文化政策上所表现出来的两面性,最终导致新旧文化并存与斗争、各种思潮大放异彩的局面。"②

---

① 朱志敏:"中国历史和人民为什么选择马克思主义——'中国近现代史纲要'专题讲授体会",《教学与研究》,2007年第12期。

② 张玉山:"北洋政府时期思想文化多元发展的原因",《新乡学院学报》(社会科学版),2008年第2期。

段祺瑞一向秉持传统忠孝伦理道德,恪守儒家清廉的为官之道。他生活简朴,四季穿的都是布制衣服,只有去国务院上班,或遇到参加大典,才会穿军服或礼服。平时在家里时经常是一件长衫,头上再戴一顶没有帽疙瘩的瓜皮帽,别人看见,绝想不到这是权倾朝野的国务院总理。段祺瑞既不吸鸦片,也不逛八大胡同,被同僚们视为异类。"段祺瑞一生清廉,没有购置过一处房产和地产。当时的有钱人都喜欢在北戴河修建一些别墅避暑,而段祺瑞却连一间小屋都没盖,一生没置下什么家产。他老家合肥也是一无房产,二无土地。这在当时的军阀政客中可谓凤毛麟角。"①

他没有投资过任何实业,完全靠俸饷过日子。家里日常用品都是从铺子里买来的。他在北京政府内阁中连任七届陆军总长,三任总理。其间,他少有中国官场一脉相承的腐败习气,"不抽、不喝、不嫖、不赌、不贪、不占",赢得了许多世人的好口碑,因此有了"六不总理"的绰号。段祺瑞始终履行传统美德,他的清廉、慎独在当时的军人、官僚、政客中屈指可数。

1920 年 7 月,直皖战争爆发,皖系被直、奉两军击败,段祺瑞下野。虽说1924 年 11 月段祺瑞出任中华民国临时政府的临时执政,但并无实权。1926年 3 月,因"三一八"惨案导致段祺瑞政府的垮台。段祺瑞退居天津日租界当寓公。1931 年九一八事变后,日本人请段祺瑞出任华北傀儡政权要职,他断然拒绝,保持了民族气节,展现出中华民族具有的家国情怀。1936 年,段祺瑞因病在上海寓所去世,终年 72 岁。"在其生命终结之前,还心系国事,留下亲笔遗嘱,向政府提出'八勿'之说,作为国家的'复兴之道'。这八勿是:勿因我见而轻起政争;勿尚空谈而不顾实践;勿兴不急之务而浪用民财;勿信过激言行之说而自摇邦本;讲外交者,勿忘巩固国防;司教育者,勿忘保存国粹;治家者,勿弃国有之礼教;求学者,勿骛时尚之纷华。"②

---

① 李羽超、张子剑:"'六不沾总理'段祺瑞一生无房,甘当租房客",《央视网》,2014 年 1 月23 日。

② 江海燕:"段祺瑞的'六不''八勿'",《广州日报》,2013 年 10 月 16 日。

　　大总统徐世昌在 1922 年 4 月第一次直奉战争后被迫下台,虽义愤填膺,但也无计可施,遂退隐天津租界以书画自娱。晚年的徐世昌依然固守着传统伦理道德。1938 年初,日本大特务土肥原贤二约见徐世昌,想要利用他的影响力,让他出山组织华北傀儡政权,徐世昌严词拒绝。金梁等人曾是徐世昌门生,任职于伪满洲国,他们秉承溥仪意旨规劝徐世昌:"老师千万别丧失良机,出任华北首领,这是为了老师的晚节。"徐世昌闻言愤然大骂。是年冬,徐世昌的膀胱癌日趋严重,当时曾从北京协和医院请来泌尿科专家谢元甫来津诊治,建议他去北京住院做手术。徐世昌恐去北京遭日本人暗算,没有接受医生的建议,病逝于天津。

　　第一次直奉战争结束后,直军总司令吴佩孚使张作霖 12 万人的奉军败北山海关。直系曹锟、吴佩孚独占了中央政权。是年 10 月 5 日,曹锟当选为中华民国第六任大总统,直系军阀执政时期从此开始。

　　直系军阀以礼教治国治军。立下赫赫武功的吴佩孚声名鹊起,被当成"中国最强者",人称"吴大帅"。这位实际掌权的吴大帅依然承袭着传统忠孝思想,其集团维系意识可以说都是传统型的。"袁世凯有'忠国、爱民、亲上、死长'的精要大义;段祺瑞的第一心腹徐树铮则倡导'练百万雄兵不如尊圣兴学信仰斯文义节之士','物质器械,取人成法即足给用;礼乐政刑,非求之己国不足统摄民情';吴佩孚将'民国成立首废礼教'视为大乱的根源,认为'天之四柱,孝弟忠信;地之四维,礼义廉耻'。"他认为,只有恢复八德、五伦、三纲,中国才能到"升平之世"。

　　吴佩孚 1874 年生于山东蓬莱。其父吴可成患病而亡,撇下妻子张氏和 14 岁的吴佩孚、11 岁的吴文孚两个儿子,孤儿寡母,艰难度日。张氏是一位克勤克俭又有远见的良母,无论自己怎样含辛茹苦,也要让吴佩孚兄弟读书。1896 年,23 岁的吴佩孚赴登州(蓬莱)应试,中秀才第三名。后因思想激进惹恼了县太爷而受到通缉,他逃到北京,在崇文门外以摆测字摊算命卖卦为生。两年后,他去天津投奔武卫左军提督聂士成,补缺为一名护卫。一直到 29 岁,吴佩孚才考取了袁世凯办的保定陆军速成学堂测绘科。毕业后,到北洋督练公所参谋处司职,官拜中尉,一个月拿 50 块大洋。此时的吴佩孚为人热心诚恳,无不良嗜好;孝母爱弟,省吃俭用,为乡人所称道。

吴佩孚在军界中亦有孝子之名。1907 年,吴佩孚升任北洋三镇管带(营长),驻长春。是年腊月初二早晨,吴佩孚带着一队人马和一辆马车在长春火车站等侯母亲,直到下午两点火车才进站。吴老太太在儿媳李夫人和吴文孚的搀扶下走出车门。吴佩孚立即跑上前去,"扑通"一声跪在老娘面前,接站的士兵呼啦啦跪倒一片。车站行人见此情景都深受感动。

1911 年是辛亥年,吴佩孚因功擢升为北洋军第三标标统,调防北京,全家随迁。中华民国成立后,吴佩孚任第三师炮兵第三团团长。1914 年 4 月,一次长沙集会,汤芗铭率各军将领参加,吴佩孚代表第三师致词。汤听了大为动容,对曹锟说,吴是大才! 曹当即升吴为少将旅长。一年后代理第三师师长。1917 年,张勋复辟,段祺瑞组织"讨逆军"讨伐,曹锟起而响应,命吴佩孚为先锋讨伐辫子军,大胜。此后,吴扶摇直上,逐渐掌握了直系军阀的实权。

吴佩孚拥兵数十万,虎踞洛阳,其势力影响着大半个中国。吴佩孚以"儒将"自许,以礼教为治国与治军之本。他认为,"民国成立,首废礼教,专讲政法及物质科学,以礼为无用而废之者必有乱,因而历位总统均不得久于位。今世道愈非,人心益薄,首宜由礼教入手"①。他以所谓"精神讲话"作为军队教育、激励部下的重要形式。"他每日下午饭后,必有一番灌输传统道德的训诫,用他的话来概括就是'礼教'两字,质言之,就是三纲五常,五伦八德。"

北洋军阀的军队系统一般是依靠宗族、同乡、姻亲、师生、同学等关系建立起来的,其中宗族、同乡关系是主要因素,这种关系的存在使军队形成了

---

① 吴运乾、吴运坤:"先祖父吴佩孚的生前身后事",《百年潮》,2004 年第 4 期。

一种封建性的人身依附关系。军阀为了增强军队的凝聚力,利用传统伦理道德来维系部队的团结。他们常常向士兵灌输忠孝节义等观念。吴佩孚对清亡之后破碎的封建道德体系进行了修补工作,提出了自己新忠孝思想和新的君臣观。他认为,民国时代虽然没有了君主,但君臣之纲并没有终绝,君臣、父子、夫妇、兄弟、朋友这五伦也并不因此缺了一伦,因为君臣概念不过是用以区分上下等级关系的一种表示。"君臣即上下之意,所以示差别也,上下就等于君臣。在学校里,先生对于学生为君臣,在军队里,长官对于部下亦为君臣。"既然长官与部下是君臣关系,那么儒家的伦常就不再有什么缺损,所以作为军人必然要效忠自己的上司,所谓军人之忠,就是忠于为国为民之长官,能忠于长官,即是忠于国家。这种忠的关键是不叛,比如像关圣帝不降东吴,岳武穆不附秦桧,均系"精忠报国,馨香万代"。

吴佩孚还推行"武神"崇拜,按他的说法,武神就是关羽和岳飞,"关岳同称武神,所以统制军心而成为民众崇拜之对象"。崇拜武神恰在于他们的忠义。吴佩孚本人也确实是一个道德主义者,亦比较有爱国思想。五四时期,"报端几无日不有吴氏之通电,且语语爱国,字字为民,吴氏之大名,遂无人不知"。

吴佩孚南逃后,1927 年南方国民政府的北伐军势如破竹,吴佩孚在鄂南汀泗桥、贺胜桥连遭惨败。即使战败后被人赶得到处跑,吴佩孚也始终没有像其他军阀那样躲进租界,他逃亡四川投奔故交杨森去了。1931 年,"日军在上海的舰队司令伴同日本特务机关长秀藤大佐专程入川拜访吴佩孚,转达日本军方旨意,表示愿供私人借款一百万元和无偿赠予十万支步枪、五百门钢炮、两千挺机关枪,支持他东山再起。但吴却语气坚定地回答:过去我曾有枪何止十万,有钱何止百万,可见成败并非枪炮与金钱。我若愿引外援借外债,何必待到今日! 中国的事应该由中国人自了"①。几位日本人不甘

---

① 　孤松:"拒不与苏联人合作的吴佩孚",《文汇读书周报》,2004 年 5 月 28 日。

心,巧言令色,苦言相劝。吴佩孚不耐烦道:"日本人的好意,我吴某敬谢不敏了!"说完起身入室,不再搭理。"一个崇拜岳武穆、戚继光的爱国军人,一个极有民族自尊心的中国传统军人,一个公开向国人承诺过'四不主义'(即不做督军、不住租界、不结交外国人、不举外债)的硬汉子,休道他风头正健时,即使最潦倒的时候,他也没向外国人低过头。"①这都是儒家传统忠孝道德观念在影响着他。

吴佩孚在蛰居四川的日子里,已洞破世事红尘,他写了一副自勉联挂于卧室,颇能反映他当时的心境,联曰:"得意时,清白乃心,不纳妾,不积金钱,饮酒赋诗,犹是书生本色;失败后,倔强到底,不出洋,不进租界,灌园抱瓮,真个解甲归田。"这是他内心传统道德思想的独白。

1932 年 10 月,时年 58 岁的吴佩孚来到北平东城什锦花园胡同 11 号寓居。当车到丰台车站时,张学良前来迎接。见面后,吴佩孚第一句话就问东北军战况,张学良以实相告。吴佩孚闻言大骂张学良:"国仇你不报,私仇你也不报,你老子的棺材气得都竖起来了!"他气血上涌,满脸发红,手指颤抖。缓了些口气,又说:"你抗日我帮你,全国人帮你。你有仇不报,笑话啊,简直笑话!"吴佩孚的爱国之心感动了在场的人。此后,张学良主持北平军分会期间,每月亲送五千元给吴佩孚作生活之资。吴佩孚晚年,衣无华贵,食无珍馐。家无金银珠宝,亦无有商行店铺,可谓清贫。他一生都保持着儒家简朴的道德要求。

吴佩孚的孙子吴运乾回忆说:"先祖父的晚年生活绝不同于其他失败下野的军阀政客。他念念不忘的仍是'治国、安邦、平天下',认为自己对国家和民族的兴衰负有责任,尤其不能容忍外族的侵辱。他一生自诩为关羽、岳飞和戚继光,当时社会上有'关岳吴'的赞许,我家的大门洞还悬有谢觉哉书写的大幅金匾'元敬再生'(元敬是戚继光的号)。以先祖父这样的为人和心

---

① 孤松:"拒不与苏联人合作的吴佩孚",《文汇读书周报》,2004 年 5 月 28 日。

志,后来却身陷日寇侵占下的北平,其心境和遭遇就可想而知了。"①

七七事变后,日本人又看中了吴佩孚这块旧招牌,想请他"出山"。日本间谍头目土肥原贤二、川本大佐相继前去收买他,推行所谓中日"和平运动",均遭他断然拒绝。无论日军如何威逼利诱,吴佩孚不为所动。以故,时人闻吴佩孚之名皆肃然。1939 年 12 月 4 日是一个大雪天,日本特务头子川本会同大汉奸齐燮元携日本军医来到北平什锦花园胡同,强行为吴佩孚治疗牙病。数日后,吴佩孚气绝身亡。

民国时期的军阀首领基本上都具有民族主义的忠孝情节,北京政府最后一任执政者张作霖亦是如此。1924 年 11 月,奉系张作霖组成直系和奉系军阀势力所控制的北京政府。1927 年 6 月,张作霖在北京组织安国军政府,就任北洋军政府陆海军大元帅,成为国家名义上的最高统治者。

张作霖有着浓厚的传统思想观念,讲孝道,重义气,是一位老派守旧的人物。他与其他首脑政要一样,既接受民主政治的表面形式,同时又行封建专制之实。他最看重"忠孝"二字,私缘世交、结义拜盟被他视作集团成员的立世之本。他与张作相、张景来、吴俊升、张宗昌都是拜把子兄弟。忠孝观念是其维系奉张集团的主要道德依据,浓重的江湖义气是他们维系部众的重要意识。

张作霖最喜欢说的词儿就是"良心"。他曾经给三民主义加上一项"民德主义",所谓"民德"就是"良心"。奉系培养军官的学校"东北讲武堂"的校训就是"良心",讲武堂的教育长周谦认为,良心就是"不为势屈,不为利诱,毅然决然认真去做"。

1925 年冬,郭松龄起兵反叛张作霖,使其措手不及,形势非常危急。日本人趁机拉拢张作霖,但张宁愿逃亡也不愿依靠日本人。张作霖有一次当着部下破口骂道:"郭鬼子这个鳖羔子,到沈阳来,扛个行李卷,有两个茶碗

---

① 吴运乾、吴运坤:"先祖父吴佩孚的生前身后事",《百年潮》,2004 年第 4 期。

还有一个没把的,小六子说他是人才,能吃苦耐劳,我一次就给他两千块大洋,给他安家……"①郭松龄死后,《盛京时报》上曾经登过一副署名"家民"的对联,曰:"论权论势论名论利,老张家那点负你;不忠不孝不仁不义,尔夫妻占得完全。"②那时候,痛责一个人,以"忠孝仁义"的伦理道德为口实,足见其在人民心目中的地位。

1928 年 4 月,在蒋、冯、阎、桂四大集团军的攻击下,奉军全线崩溃,向东北收缩。此时,日本人派驻奉天总领事吉田茂再度找到张作霖,声称只要张作霖同意日本开出的条件(包括在东北开矿、设厂、移民和在葫芦岛筑港等),日本就可以给予武力支持。在一系列出卖民族利益的不平等条件面前,张作霖大骂日本人心肠黑。他对部下说:"绝不能签字,免得东北父老骂咱是卖国贼!"吉田茂威胁说:"大帅真要不接受五项条件,日方当另有办法。"张作霖毫不示弱,当面回应道:"怎么说? 有办法尽管使出来,我姓张的等着!"吉田茂很是难堪,说:"想不到这没文化的草莽之人如此难缠!"③张作霖长期在日本人的包围中,艰难地维护着国家主权。

日本人不死心,又派芳泽谦吉前来说项。大元帅府的电报处处长周大文回忆说:1928 年 5 月 17 日,日本驻华公使芳泽谦吉求见张作霖,张将芳泽晾在客厅,自己在另一间屋里大声嚷着说:"日本人不讲交情,来乘机要挟,我豁出这个臭皮囊不要了,也不能出卖国家的权利,让人家骂我是卖国,叫后辈儿孙也都跟着挨骂,那办不到!"

由于张作霖长期不肯满足日本帝国主义的无理要求,6 月 4 日清晨,当张作霖所乘由北京返回奉天的专列行驶到皇姑屯附近时,被日本关东军预设的炸弹炸死。"过去评价张作霖总说是'日本帝国主义的走狗',但实际上,张作霖最后是因为拒绝了日本人的无理要求而被日本人炸死的。当时

① 王翔:《张学良和东北军》,中国文史出版社,1986 年,第 56 页。
② 丘权政:"郭松龄联合冯玉祥倒戈反奉及其失败",《军事历史研究》,1989 年第 2 期。
③ 丁中绯:"日本关东军策划及组织炸死张作霖",《参考文摘》,2018 年 7 月 13 日。

的一位西方记者评价张作霖对中国的贡献时说,尽管东北长期处在日本军阀的铁蹄下,张作霖跟俄国人和日本人玩弄国际政治这副牌时却是一个精明的牌手,应付裕如,得心应手,始终保持了东北领土的完整。"

总之,在北洋政府存续的 16 年里,各派系争夺政权,中央政府成了地方军阀角逐的舞台,政坛更迭频繁,呈现给世人的就是一个"乱"字。但是军阀们用"忠孝观念"作为维系他们集团的凝聚力却是共同的,他们之中亦不乏中国人的家国情怀。陈钦在他的《北洋大时代》中说,北洋政府里的其他官员也同样是既承接了中国传统儒家思想治国安天下的理想,也受到西方民主与科学的影响,他们几乎都具有一定的传统道德操守和民主政治理想,但骨子里的传统道德观念在他们的行动中起主导作用。

那个时代,国人根深蒂固的传统观念并非那么容易改变,政府层面是这样,学界亦如此,维护旧传统势力的大有人在。例如 1922 年 1 月,《学衡》杂志创刊,梅光迪、吴宓、胡先骕等一批任教南京东南大学的学者主持其事。此后,以《学衡》为中心,聚集起一批志同道合者,他们办刊物,做研究,反对新文化运动,形成一个中国近代历史上独具特色的思想流派,史称"学衡派"。梅光迪、吴宓、胡先骕认为新文化运动为"模仿西人,仅得糟粕",攻击新文化运动的领袖为诡辩家、模仿家、功名之士、政客。

1925 年初吴宓赴清华学校任国学研究院主任,王国维、陈寅恪、梁启超、张荫麟等清华师生,也因吴宓而成为杂志的主要撰稿人。林损、景昌极、刘永济、汤用彤、钱念孙等人因为认同《学衡》的宗旨,而成为刊物上的重要作者。他们研究诸子学,是对文化保守主义的实践,也是对新文化运动的反击。他们反对一味诋骂孔子,极力主张恢复孔子的历史地位,强调孔子是中国古代文化的集大成者,应当给孔子一个科学的评价。吴宓等人强调,孔学所包含的人文主义可成为救治当今世界物质与精神痼疾的良药。

1928 年 6 月 8 日,国民党军队进入北京,北洋军阀政府最终结束。同年12 月 29 日,张学良宣布"东北易帜",全国实现了形式上的统一。历史进入蒋介石南京国民政府时期。

二、以儒学为本位的文化复兴运动

1928 年,北洋政府倒了,南京国民政府站了出来。

那时,五四新文化运动基本过去。"当时过境迁,批判潮流缓和下来的时候,同时也为了某种需要,人们往往会以平静的心态回顾历史,反观传统文化,从而发觉自己的偏颇。这就产生了重新研究传统文化、肯定传统文化的问题。"①五四新文化运动中的"批孔",深刻改变了中国近现代史的进程。当年的"批孔"有些偏激或过头,这是无须回避也不可回避的客观事实。毛泽东同志曾经在 1942 年做过深刻的分析,他指出:"那时的许多领导人物,没有马克思主义的批判精神,他们使用的方法,一般还是资产阶级的方法,即形式主义的方法。他们反对旧八股、旧教条,主张科学和民主,是很对的,但是他们对于现状,对于历史,对于外国事物,没有历史唯物主义的批判精神。所谓坏就是绝对的坏,一切皆坏;所谓好就是绝对的好,一切皆好。"②尽管陈独秀、李大钊等五四新文化运动的领袖人物曾以不同方式肯定过"孔学优点",但是这种表态很快被淹没在对儒学激烈批判的浪潮中,并未引起人们太多的注意。

1931 年九一八事变与 1932 年"一·二八"事变后,日本侵华,民族危机加深,中华民族谋求自身救亡成为一种选择。"民主""科学""西化"等词语逐渐减少,而对于传统文化的提倡日渐突显。在众多的文化派别中,不仅存在着主张维护传统文化的保守派,还存在着抛弃中国传统文化的全盘西化派,也存在着"中学为体、西学为用"的中间派。学者们围绕着文化的时代性

---

① 王桧林:《中国共产党在抗日战争时期的两种趋向:融入世界与转向民族传统》,《抗日战争研究》2001 年第 1 期。
② 刘润为:《五四新文化运动挽救了中国传统文化》,《中国社会科学报》2019 年 5 月 7 日,总第 1686 期。

与民族性、文化的整体性与可分性、何为中国本位、何为文化自觉等问题进行了激烈的争论。论战使得思想领域高扬了民族主义,丰富了现代化观念。

以民族文化振奋民族精神,成为当时相当一部分学者的共识。中国文化学会成立宣言,标榜"复兴文化",号召以三民主义作为中国文化运动之最高原则,创建新中国文化。并指出复兴文化"首在阐明中国民族文化之本质,确立中国文化之独立理论系统及根据,次则吸取近代文化一般经验,借作复兴中国文化之工具"。中国文化建设协会在其成立宣言中同样认为中国文化目前已经中落,由此导致国运衰颓,因此,当此存亡绝续之际,如不急行从事于中国文化之新建设,国家民族宁有起死回生之希望?于是,一系列民族文化复兴运动在各个领域开展起来。

民国二三十年代在复兴传统文化的浪潮中,有几位特殊人物,他们深刻挖掘和高扬中国儒家理念的精华,把关切的目光投向萧条破败的乡村,并试图通过乡村建设复兴儒家传统,走出一条不同于西方的现代化发展道路,从而实现其儒家理想。他们就是以梁漱溟、晏阳初为代表的"乡村建设学派"。

被称为"最后一位儒家"的梁漱溟,原名焕鼎,字寿铭,1893年出身于"世代诗礼仁宦"家庭。中学毕业前参加了京津同盟会。1912年任《民国报》编辑兼外勤记者,总编辑孙炳文为其拟"漱溟"做笔名。1916年,蔡元培聘请这位只有中学文凭的23岁的青年到北京大学任教。1918年10月,梁漱溟在研究所开设"孔子研究"课程。1923年又开设"孔家思想史"课程。在五四新文化运动中他坚持为孔子说话,虽然他对批判儒家并不持完全否定的态度,但又坚定地认为,中国文化比之西洋文化是远要"成熟"的,甚至是代表了未来人类文明发展方向的。他认为中国文化以孔子为代表,以儒家学说为根本,以伦理为本位,是人类文化的理想归宿,比西洋文化要来得"高妙"。"世界未来的文化就是中国文化的复兴",只有以儒家思想为基本价值取向的生活,才能使人们尝到"人生的真味"。梁漱溟开创了现代新儒家学派。

儒家思想中的社会责任感和使命感给了梁漱溟复兴国家、复兴乡村的激情和动力。梁漱溟曾言志:"我觉得现在的中国,必须有人一面在言论上为大家指出一个方向,而且在心理上、行为上大家都要信赖于他。"①1924 年秋,31 岁的梁漱溟辞去北大教职,应邀前往山东菏泽创办省立第六中学并任高中部主任。后又到山东曹州办学,建立乡村建设实验区与县政建设实验区,设立村学、乡学,实施广义的教育工程,他的构想是一个政治原则和伦理原则的混合体,充满了儒家的理想色彩。

那时的中国农村经济已经处于面临崩溃的边缘。众多知识分子、实业家、爱国人士都纷纷呼吁"救济乡村""复兴农村",并探索中国社会的出路。梁漱溟为了给中国社会探索出一条出路,深刻分析了中国社会的现状。他认为,在种种矛盾中,中国"伦理本位的社会便崩溃了,而如西洋一样的个人本位或社会本位的社会也未建立。""在这东不成、西不就的状态中,处处是矛盾,找不到准辙,没法子相安。"②他认为西洋风气启发了国人对固有文化的厌弃与反抗,这厌弃与反抗,是中国社会崩溃的原因。中国文化的失败具体表现为缺乏科学技术和团体组织。相比之下,"中国失败,就在其社会散漫、消极、和平、无力"。③ 梁漱溟认为,在西洋文化的冲击下,个人本位、权利观念逐渐盛行,使得中国伦理本位、互以对方为重的社会被破坏,转变成了"以自己为重,以伦理关系为轻;权利为重,义务念轻"④。

梁漱溟分析认为,中国社会的本质是礼俗社会,呈现出以礼俗、伦理来组织社会,以教化、内省自力的文化方式来运行和维持的特点。其特殊性体现在两个方面:伦理本位、职业分立,两者交相为用,构成礼俗社会的基础。

他解释道:伦理本位就是"人类在情感中皆以对方为主(在欲望中则有

---

① 梁漱溟:《朝话·言志》,《梁漱溟全集》第 2 卷,第 46 页。
② 《梁漱溟全集》第二卷,第 208 页。
③ 《梁漱溟全集》第二卷,第 191 页。
④ 梁漱溟:《乡村建设理论》,上海人民出版社,2011 年第 2 版,第 61 页。

自己为主),故伦理关系彼此互以对方为重,一个人似不为自己而存在,乃仿佛互为他人而存在者。这种社会,可称伦理本位的社会。"①与西方社会集团生活引发纪律、法律相应,中国的家庭伦理关系并不止于家庭,它推及于社会、政治和经济等方面,成为整个社会的规范。

梁漱溟认为西方近代是资本家与劳工阶级的对立。与西方不同,中国社会在此方面表现为"职业分立"的结构特征。"生产工作者(农民、工人)恒有其生产工具,可以自行生产……只有一行一行不同的职业,而没有两面对立的阶级"②,由此将中国社会称为一种职业分立的社会。在社会分工合作的基础上,社会各职业群体相互依存并在职业和地位流转中推动社会整体的流通性。

梁漱溟认为,中国社会表现出以伦理来组织社会和以礼乐揖让来涵养德行的特点。中国礼俗的根本是情与义,而维持礼俗社会运转的则是"理性"。"所谓理性,是指吾人所有平静通达的心理"。而士人则代表理性来维持礼俗社会的运行,这就需要士或知识分子来启迪民众的理性。"士人主持教化,启发理性……尤其是孝、弟、勤、俭,可以说是维持中国社会秩序的四字真言。"③

那么,中国社会的出路在哪里呢?以梁漱溟、晏阳初为代表的"乡村建设学派"提出了自己的方案,就是通过在中西融合的基础上,寻求建设中国新礼俗社会。也就是以儒家人生态度为根本,接受西方"民主、科学"的礼俗。其具体方法就是他设计的"乡约"组织和"政教合一"的乡学、村学教育组织体系。由乡长、乡农学校、乡公所、乡民会议组成,达到领导与农民的结合,政事与教育的结合,并以学包事。村学、乡学就是村民、乡民自治的政治组织,集体合作办事的经济组织,教育贯穿、引领一切经济、政治活动,建设

①　《梁漱溟全集》第二卷,第 168 页。
②　梁漱溟:《乡村建设理论》,上海人民出版社,2011 年第 2 版,第 29 页。
③　梁漱溟:《乡村建设理论》,上海人民出版社,2011 年第 2 版,第 43 页。

寓于教育。而教育重心又在社会教育、民众教育，并不限于知识技能教育，而重在"生命本体"的激发与培育，使之建设成为一个新的理性社会。在梁漱溟看来，理性正是中国儒家文化、中国传统精神的核心。从这个意义来说，梁漱溟倡导的乡村建设运动正是一个中国传统儒学在乡村的复兴运动。

1929 年秋，梁漱溟赴河南辉县参与筹办村治学院，自任教务长，主编《村治》期刊，继续进行他的"乌托邦"似的实验。1931 年 1 月，在山东省主席韩复榘的大力支持下，梁漱溟赴山东邹平筹办"山东乡村建设研究院"，任研究部主任。韩复榘全权委任梁漱溟负责邹平县的乡村建设大改革，建立"文化特区"。梁漱溟在邹平度过了 7 年，通过乡村建设运动，引导人们注重伦理规范，激发民众积极向上，使当地的民情和生产发生了巨大变化。

20 世纪二三十年代中国大地上兴起的轰轰烈烈的乡村建设运动业已达到高潮，其中梁漱溟领导的乡村建设运动一度成为全国农村建设的中心。在他看来，中国传统文化经过五四新文化运动的批判性洗理，到 30 年代正应该有一个新的复兴；他断言"世界文化转变之机已届，正有待吾人之开其先路"；"所谓民族自觉者，觉此也"。①

国民政府也意识到"若不设法救济，国家前途危险将不堪设想"，于是在完成全国统一之后，便开始重视农村复兴问题，发动了一场农村复兴运动。并于 1933 年 5 月 6 日成立农村复兴委员会，隶属于行政院，欲"调剂农村金融，增加农民生产，使农村之复兴得早实现"。1933 年 7 月，在全国乡村工作讨论会上，梁漱溟、晏阳初、黄炎培等人当选为主席团成员，宣告"乡村建设派"正式形成。

梁漱溟在乡村建设运动中进行了积极而可贵的探索，在反传统的浪潮中挺身而出，表示中国文化经过调整还能继续存在并复兴，他相信中国本身拥有走向现代化的力量。他既是传统文化的伟大批判者，也是传统文化的

———————————
① 梁漱溟：《中国民族自救运动之最后觉悟》，《梁漱溟全集》第五卷，第 114 页。

伟大发扬者。

在民族文化复兴运动中,国民政府起到了主导作用。政府在全国推崇孝传统,并将孝亲扩展至对民族的热爱。主张保存中国固有的"美德",建设"忠孝仁爱信义和平"的"新道德"。支持读经尊孔,颁布一系列的教育政策,将儒家思想作为学校教育的重要内容。复兴民族文化的目的是要提振民族精神和民族意识,以挽救民族危亡。中国传统文化所蕴含的爱国主义精神恰恰是中华民族精神的源泉,提倡传统文化有利于培育民族精神,恢复民族自信心。

为呼应救亡图存的时代主题,1931 年九一八事变后,联华公司摄制了大量着力唤醒民族意识的故事片,最先进入观众眼帘的是《共赴国难》。影片讲述了传统家庭的价值理念与文化功用,将家与国放到了同一位置——保家必先救国。影片不仅负载着传统儒家家国一体的理念,而且在民族危亡的时刻,更是强调家与国的共同体命运。"家国一体的实质是忠孝一体,家是中国人文主义的象征,家国关系具有广泛而深刻的集体记忆与经验,因为血缘是家国同构关系的基本依托点,肯定家和血缘的重要性是伦理政治的客观需要"。① 当国遭遇重创时,家亦随之经受浩劫,只有共同抵御外侮,以强烈的民族、国家认同来应和儒家提倡的"天下兴亡,匹夫有责",家才能得以长存。正如刘紫春所言:"受家国一体思想的影响,传统社会的家庭,都将儒家思想作为家规族训的指导思想,将抚育儿女、凝聚社会和尽忠报国作为其存在的价值所在。"②

在文化复兴运动中,民间对孝文化的宣传方式更是多种多样,不断编辑出版传承孝道文化的书籍。1931 年由明善书局出版了蔡振绅编写的《八德须知》,是目前可见民国时期最为完整、篇幅最大的讲解孝道等八德的书籍。

---

① 参见郦苏元、胡菊彬:《中国无声电影史》,中国电影出版社,1996 年。
② 参见刘紫春、汪红亮:《家国情怀的传承与重构》,江西社会科学,2015 年。

国民政府于 1934 年在全国推行"新生活运动",目的是改革社会,复兴国家和民族,尝试将传统道德嫁接到现代国民道德的准则之中,提倡"四维""八德",制定"忠勇为爱国之本"、"孝顺为齐家之本"等 12 条规则。

所谓"四维",即指"礼、义、廉、耻"。"维"的意思大致与"纲"相同。社会的安定与进步,要靠道德的引领。"礼义廉耻"的立意美善,字字玑珠,能济世弘道、励志淑人,故代代相承,是传统文化的核心价值观。"礼义廉耻"包含在仁、义、礼、智、信"五伦"之中。五伦是古代中国的五种人伦关系和言行准则,则古人所谓君臣、父子、兄弟、夫妇、朋友五种人伦关系,即父子有亲、长幼有序、夫妇有别、君臣有义、朋友有信。这是人人应该遵守的为人之道,人道不修不如禽兽。五伦是人伦"常德",所以又称为"五常",是几千年来支配中国人的道德生活最有力量的传统观念之一,它是礼教的核心,是维系中华民族群体的纲纪。

所谓"八德",即"忠、孝、仁、爱、信、义、和、平"。忠,是忠于事业,忠于职守,忠于民族,忠于国家;孝,是孝敬父母,孝敬老人;仁,是宽厚,具有仁爱之心,宽于待人,善于待人,不妒贤嫉能;爱,是在家敬兄爱弟,在事业中尊重领导,体恤下属;信,是按照礼的规定互守信用,诚实不虚;义,指公正、合理而应当做的;和,即和谐、协调,万事和为贵;平,即和平、太平、公平、均平。

新生活运动要求国民在食衣住行上体现"四维八德",要像古人那样忠孝齐备、慈悌俱全,如此,我们的文化自可以光大,民族也可以复兴。这是因为真正的传统是已经积淀在人们的行为模式、思想方法、情感态度中的文化心理结构,融化浸透在人们生活和心理之中了,成为民族心理国民性格的重要因素。

为了民族文化复兴,就需要使一般国民具备国民道德和国民知识。各级地方政府在公民中进行道德方面的教育,要求承继优良传统,遵守道德规范,吸收西方近代道德文明,在日常的食衣住行各方面遵守新生活规范。不仅是表现市容清洁、谨守秩序,还要改革社会,要复兴一个国家和民族。新生活运动很快发展成了一场重整道德、改革社会风气、振兴国民精神的声势浩大的公民教育运动。

南京公立中小学中的童子军以及教会学校中的青年会成员,因为他们更具备新生活运动所要求的服从和服务的理念,在新生活运动中大多起到宣传的作用。譬如:手提木箱的童子军在南京大街上站岗,当某个歪戴帽子或嘴里叼着香烟的人走近时,就有一个童子军挡住他,然后站到木箱上把这个男人的帽子弄正,并拿掉他嘴里的香烟,扔进路旁的阴沟里,并且提醒他做一个有教养的现代文明人。军队也派出便衣人员,对大街上吐痰的人,在饭馆里吃饭喝烈性酒或超过四菜一汤规定的人,用棍子进行惩戒。搽胭脂、口红的姑娘,穿西装戴西式帽子的人,若被警察撞见了,则在他们的皮肤上盖上"奇装异服"的印记。街面上,理发师要是给人烫卷曲的发型,售货员要是卖不伦不类的游泳衣,都会在大庭广众之下受到侮辱。

妇女问题是社会改造的根本问题。儒家文化十分强调妇女的传统"母性"角色,重视女性协调家庭的功能。政府组建的新运妇女团体首先强调妇女的"母性"角色和家庭责任。1934年《新运总会会刊》第3期提出,"积家庭以成社会,积社会而成国家,国家组织之基本单位在于家庭。而良妻贤母,更为组织家庭之灵魂,是以妇女界新生活之推行,关系国家社会之前途,至重且巨"。家的稳定和谐是社会安定的基础,而齐家的关键不仅在于成员各尽其分,主要还在于强化女性的"职分",重视女性协调家庭的功能,既维护女性的传统角色,又鼓励妇女提高自身的智识参与社会事业,担当国民之责任。

五四新文化运动的启蒙思想在这次运动中结出了果实:"三纲五常""三从四德"的封建伦理道德基本上被打破,男女平等,妇女抛头露面去参政,有了独立人格;封建节烈观、男子专制被唾弃;女子教育、恋爱自由、社交公开受追捧;反迷信、反神权、反盲从、反武断成了人们的口头语,等等。这些在五四时期启蒙的民主含义这时逐渐被农村社会大众所接受。新生活运动虽然使人们的日常生活发生了许多变化,但家庭作为伦理实体的本性未变。

　　这次民主文化复兴运动扫除了儒学的僵化躯壳及束缚个性的腐化部分，使孔孟之道其真价值彰显出来，启发了人们对儒家思想真面目的重新认识及对其真精神的重新阐扬，推进了五四以后传统儒学的现代转化。"事实上，五四后梁漱溟、张君劢、贺麟、冯友兰等现代新儒家的崛起，就是儒学传统延续并获得复兴的最直接证明。①

　　20世纪30年代，在民族危机空前严重的历史背景下，无论是学界还是政府，都结合现代化发展的因素，从中华民族传统文化出发，主张继承和弘扬优秀中华民族传统文化，培育民族精神，提高民族文化认同感和凝聚力，增强民族文化创造力和竞争力，来探寻实现民族复兴、实现现代化发展所需的文化价值支撑点，这是值得肯定的。它振奋了民族精神，提升了民族自信心，一定程度上完成了国防抗战精神建设之准备。

　　我们也应看到，这次运动的背景是数千年来根深蒂固的生活习惯和贫穷的广大众民，只要认真考察一般民众的知识、思想、信仰及日常生活就会发现，传统家庭中，按照血缘的远近亲疏形成"尊卑有等，长幼有序"的等级差序改变不大。尤其在"孝"的问题上，仍然是传统伦理观的核心内容。"百善孝为先""孝为仁之本"，依然是社会大众的信条，被看作至高至善的美德。传统儒学在国人的政治思想、道德伦理和风俗习惯中，顽强地发挥着积极或消极的作用，支配着他们的行为和思想观念，影响着他们的社会生活。不过孝道的方式开始发生变化，无论是父慈子孝，还是兄友弟恭，一种双向互动的权利义务对等的伦理关系积极并缓慢发展。

　　孝道应该符合人的需求，应该跟着时代一起前行，应该给人们快乐，而不是精神的压力。它应该恒久地维系我们最真的天然的亲情纽带，发出人性的光芒。

---

　　①　中国社会科学院近代史研究所研究员左玉河：《反传统、激进主义与五四新文化运动》，中国社会科学报，2019年04月25日。

第四章 抗战时期：中国共产党重视传统孝道德

第一节　中国共产党对传统孝文化的理性接受

中国共产党以马克思主义为指导，通过无产阶级革命建立政权。作为一种来自西方的理论，马克思主义提出了认识世界的唯物史观，确认阶级斗争是历史发展的根本推动力。儒家思想是中国历代正统思想的代表，作为封建思想的核心，自然无法得到中共的赞同。早在中共正式成立之前，以陈独秀、李大钊为代表的早期马克思主义者，就表达了对儒家传统的反对，在早期工人运动及后来的井冈山时期显得尤为激烈。国共实现第二次合作后，中共进入延安时期。内外形势的变化，中共思想理论的成熟，也使其对儒家传统进行了初步的反思，并在道德伦理、社会建设、组织制度等方面，实践了儒家的一些理念，成为中共思想理论发展史上的一个转折期。

1935 年 10 月，中共中央率领中国工农红军进入西北根据地吴起镇,历时一年的长征胜利结束。1936年5月5日,中国共产党向国民党政府发出《停战议和一致抗日》的通电,将"抗日反蒋"政策转变为"逼蒋抗日"政策。随着西安事变的和平解决,国共十年内战的停止,为国共两党第二次合作、建立抗日民族统一战线打下了基础。中国共产党获得了合法的身份,陕甘宁边区的特殊地位也得到了国民政府的承认。

1937年4月5日清明节,正值抗日战争全面爆发前夕,为唤起四万万同胞准备抗击日本帝国主义侵略,建立抗日民族统一战线,毛泽东、朱德派林伯渠为代表,赴位于陕西黄陵县桥山黄帝陵,公祭中华民族的始祖轩黄陵之墓。同祭的还有国民党中央党部特派员张继、顾祝同、国民政府主席林森和陕西省政府主席孙蔚如。国共两党不约而同地来到黄帝陵,昭告列祖,誓言抗战。

黄帝被尊为中华"人文初祖",是一个开启文明时代的象征,是共同文化及民族凝聚力的标志,承载着中华民族最久远的历史记忆,维系着海内外中华儿女最厚重的民族情感。民族文化和民族精神正是各派别、各团体、各阶层团结的纽带,也是动员全民族进行拼死抵抗的精神力量。祭陵明志在中华文化数千年的发展史中,逐步形成了一系列规则、秩序、理念和信仰,构成了中华民族深厚悠远、一脉相承的儒家文化传统。

这是国共两党自成立以来首次共同公祭黄帝陵。站在中国人共同的始祖面前,党派之争显得那么不该为;面对祖先,想想异邦强寇强行入侵家园,党派联合团结御敌显得又是那么必要。国民党中央执行委员会张继、陕西省政府主席孙蔚如宣读祭文,随后,中共方面的祭文由林伯渠宣读由毛泽东亲自撰写的《祭黄帝陵文》,其中道:"赫赫始祖,吾华肇造,胄衍祀绵,岳峨河浩。……东等不才,剑屦俱奋,万里崎岖,为国效命。频年苦斗,备历险夷,匈奴未灭,何以家为? 各党各界,团结坚固,不论军民,不分贫富。民族阵线,救国良方,四万万众,坚决抵抗。"

在中华民族面临着亡国灭种的危险境地,中国共产党人明志先祖昭告世人,誓死保卫祖国江山,与日本侵略者血战到底,表达了昂扬的民族豪情。毛泽东亲自撰写的《祭黄帝陵文》在苏维埃中央政府机关报《新中华报》上公开发表。任弼时品读祭文后说:这是我们共产党人奔赴前线誓死抗日的"出师表"!

1937 年 7 月 7 日,日本侵略军向北平西南的卢沟桥发动进攻,制造了震惊中外的七七事变。事变的第二天,中国共产党中央委员会发出《中国共产党为日军进攻卢沟桥通电》,号召全中国军民团结起来,抵抗日本的侵略。7 月 15 日,中共中央将《为公布国共合作宣言》送交蒋介石。9 月 22 日,国民党中央通讯社发表了《中共中央为公布国共合作宣言》。至此,抗日民族统一战线正式形成,第二次国共合作开始。

在国共合作、抵御强敌入侵的背景下,中国共产党人对儒家传统文化持怎样的立场呢? 杨凤城博士认为:"从中国共产党成立到全面抗战爆发,可以视为中共对待传统文化的第一个阶段,其特征是承继五四新文化运动激烈的反传统衣钵。从抗日战争到新中国成立可以视为第二个阶段,其特征是在延续五四新文化精神的同时,对传统文化力图作出较为理性的评价。"① 高晓雁等人同样认为:"中国共产党在成立后至 1937 年全面抗战前,将传统文化作为旧意识形态也进行激烈否定,这种局面直到 1937 年全面抗战才得以扭转,中国共产党开始在马克思主义中国化进程中推动传统文化的现代转型。"②抗战后,中国共产党在纠正"左"倾路线政策与中国实际脱离的错误的过程中,强调党的路线政策必须同中国实际相结合,因而提倡要研究中国现状又要研究中国历史。

在抗战中,"国共两党都以儒家忠孝道德作为动员、团结民众抗击日本帝国主义侵略的精神力量和思想武器。在抗战背景下,传统忠孝道德成为

---

① 杨凤城:"中国共产党对待传统文化的历史考察",《教学与研究》,2014 年第 9 期。

② 马军、高晓雁:"中国共产党对待传统文化态度的历史演进",《理论导刊》,2017 年第 9 期。

中华民族凝聚力的核心"①。中国共产党高度重视中华优秀传统文化资源在凝聚民族精神中的作用,积极阐发中华民族优秀的传统文化,以增强民族自豪感,凝聚民族精神和团结。"为了加强民族凝聚力、实现马克思主义中国化以及建设中华民族新文化的需要,在学术中国化与马克思主义互动思潮的推动下,中国共产党开始有意识地调整文化政策,转而重视儒家思想。在批判继承和实事求是两方针的指导下,中国共产党人不仅注重对儒家思想的研究,还在实践中成功地将其中的一些命题或原则发扬光大或进行改造,在赋予儒家思想新的时代内涵的同时,也有力地推进了马克思主义的中国化。这就为中国共产党协同其他爱国力量战胜日本侵略者,并最终赢得中国革命的胜利奠定了基础。"②

1938 年 10 月,毛泽东在中共六届六中全会上作了《论新阶段》的讲话,他在讲到马克思主义中国化的任务时说:"中华民族有数千年的历史,有它的特点,有它的许多珍贵品。对这些,我们还只是小学生。今天的中国是历史的中国的一个发展,我们是马克思主义的历史主义者,我们不应该割断历史。从孔子到孙中山,我们应当给予总结,承认这一份珍贵遗产。这对于指导当前的伟大运动是有重要帮助的。""学习我们的历史遗产,用马克思主义的方法给以批判的总结,是我们学习的一项重要任务。共产党员对国家尽其忠,对民族行其大孝……必须成为实行这些道德的模范,为国民之表率。"③

毛泽东在中共六届六中全会上,还提出了"民族形式的马克思主义"问题,即"马克思主义中国化"问题。他说:"共产党员是国际主义的马克思主义者,但马克思主义必须通过民族形式才能实现。没有抽象的马克思主义,

---

① 张艳艳:"中国传统孝文化的历史变迁及当代价值",《中国学术研究》,2008 年第 9 期。
② 王桧林:"中国共产党在抗日战争时期的两种趋向:融入世界与转向民族传统",《抗日战争研究》,2001 年第 1 期。
③ 《毛泽东选集》(第二卷),人民出版社,1991 年,第 533 ~ 534 页。

只有具体的马克思主义。所谓具体的马克思主义，就是通过民族形式的马克思主义，就是把马克思主义应用到中国具体环境的具体斗争中去，而不是抽象地应用它。""马克思主义的中国化，使之在其每一表现中带着中国的特性，即是说，按照中国的特点去应用它，成为全党亟待了解并亟待解决的问题。洋八股必须废止，空洞抽象的调头必须少唱，教条主义必须休息，而代替之以新鲜活泼的、为中国老百姓所喜闻乐见的中国作风与中国气派。"毛泽东区别于王明等人的地方就在于他把马克思主义中国化了，这个"中国化"不仅包括同中国的现实的结合，而且包括同中国传统文化的贯通。没有这种贯通，中国革命不可能胜利。

抗战中，国共两党都认为忠孝不是忠于某一个人，或者孝于某一个人，而把为国家尽忠，为民族尽孝视为最大的孝。把不独亲其亲、老吾老的传统美德熔炼、提升为革命传统美德。在这种道德观念指导下，中华儿女通过尽"忠"去实现尽"孝"，积极投身革命，解放全中华的父老亲人，使其从根本上改善政治、经济地位，实践最大的孝，体现最大的忠。

1938 年 3 月，国民党临时全国代表大会在武昌举行。大会通过了《抗战建国纲领》，还发表了《中国国民党临时全国代表大会宣言》，其中写道："晚近以来，持急功近利之见者，往往以道德修养视为迂谈，殊不知抗战期间所最要者，莫过于提高国民之精神。而精神之最纯洁者，莫过于牺牲，牺牲小己以为大群，一切国家思想民族思想皆发源于此。而牺牲之精神，又发源于仁爱，惟其有不忍人之心，所以消极方面，己所不欲，勿施于人；积极方面，己欲立而立人，无求生以害仁，有杀身以成仁，此道德之信条，所谓亘万世而不易者也。"

这里所说的"道德之修养"实为国民党一贯倡导恢复之中国固有道德，即"忠孝仁爱信义和平"之八德与"礼义廉耻"之四维。

1938 年 10 月，武汉、广州相继被侵占后，日本侵略军苦于战线过长，兵力不足，以及三个月内灭亡中国战略计划实现的无望，对其侵华方针进行了调整,对国民政府以政治诱降为主,军事打击为辅。更严重的是,时任国民党副总裁的汪精卫于1938年12月秘密离开重庆,叛国投敌。针对当时散布的"亡国论",毛泽东指出,要打倒日本帝国主义,必须要提高民族自信心和民族自尊心。"每一个炎黄子孙都应负担起重大的责任。我拥有五千年文化、四万万五千万人口之伟大中华民族的每一分子,都应当提高自己的民族自尊心,自信心,不畏难,不怕苦,不悲观,不失望,视日寇为死敌,视汉奸为世仇,与日寇作殊死战,反对一切傀儡政权,誓死奋斗,不屈不挠。"①

面对日本侵略者的进逼和严峻的形势,提倡民族主义、弘扬民族精神、唤醒沉睡的国民积极抗战成为当务之急。正如当时的哲学家贺麟所说:"我们要有充分的信心和决心以复苏儒家思想,民族复兴的本质应该是民族文化的复兴。民族文化的复兴,其主要的潮流、根本的成份就是儒家思想的复兴。假如儒家思想没有新的前途、新的开展,则中华民族以及民族文化也就不会有新的前途、新的开展。儒家思想的命运是与民族的前途命运、盛衰消长同一而不可分。"②

为了克服失败主义情绪,弘扬中华民族抵御外侮、不屈不挠的民族精神,1939年2月12日至21日,国民党在重庆召开的第一届第三次国民参政会,通过了国民政府提出的、由蒋介石宣读的《国民精神总动员纲领》。纲领强调以"国家至上,民族至上","军事第一,胜利第一","意志集中,力量集中"作为国民精神总动员的共同目标。纲领要求"我们每一个有志气有血性的炎黄子孙,要决心对国家尽大忠,对民族尽大孝,就是要忠于责任,忠于职守,忠于法令,忠于纪律,来完成我们责无旁贷的抗战建国的使命。我们国家百世兴亡,千秋荣辱,就要看我们在这千载难得的革命时代,能不能彻底实行国民精神总动员的信条,能不能励行国民公约的规条,能不能切实执行

---

① 中央档案馆:《中共中央文件选集》(第10册),中央党校出版社,1985年7月,第718页。
② 许丙泉:"超越现实世界的生命活力——浅论孔子儒家思想的复兴",《青岛职业技术学院学报》,2007年第3期。

抗战建国纲领。"

1939 年 3 月 12 日,南京国民政府国防最高委员会颁布的《国民精神总动员纲领及实施办法》指出:"唯忠与孝,是中华民族立国之本,五千年来先民所遗留于后代子孙之宝,当今国家危机之时,全国同胞务必竭忠尽孝,对国家尽其至忠,对民族行其大孝。"

国民政府延续了新生活运动中的传统忠孝思想,强调救国之道德就是确立以"忠、孝、仁、爱、信、义、和、平"八德作为同一道德。蒋介石诠释说:"八德之中,最根本者为忠孝,唯忠与孝实为中华民族立国之大事。""中国社会数千年来之所谓孝,不唯尽孝于其亲,亦重在尽孝于其祖,故以不祀无后为最大之罪恶,此就人人之直系祖先而言之也。""吾人今日行孝之对象,应为整个之民族,应求不辱吾民族共同之祖先,吾人应时刻自念吾人数百代共同祖先所辛苦经营而遗留于吾人之锦绣河山。"

对国民党的《国民精神总动员纲领》(以下简称《纲领》),中国共产党立即做出了积极的响应,于 1939 年 4 月 5 日到 27 日,连续发出了《中共中央关于精神总动员运动的指示》《中共中央为开展国民精神总动员运动告全党同志书》《中共中央关于精神总动员的第二次指示》等文件,并对如何开展这一运动和在开展这一运动中应该注意什么问题,在党内党外都作了部署。

中国共产党认为,《纲领》对于动员和组织全国民众,增强抗战力量是有积极作用的。"基本上拥护此纲领,运用与发挥其中一切积极的东西,来提倡为国家民族、为精诚团结、为三民主义的全部实现、为争取抗战建国最后胜利而牺牲奋斗而竭忠尽孝的革命精神,来养成奋发有为、朝气蓬勃、大公无私、见义勇为、杀身成仁、舍生取义、对革命前途充满必胜信心的新国民气象。"[1]

---

[1] 周韬、谭献民:"论中国共产党与国民精神总动员运动",《湖南师范大学社会科学学报》,2006 年第 6 期。

对于《纲领》中提出的关于国民精神总动员的目标,中共中央认为是根本正确的,共产党员必须号召全国同胞积极拥护国民精神总动员,并赞助政府推行于全国,以达到高度发扬民族自尊心与自信心,坚持抗战到底,克服悲观失望情绪,反对妥协投降之目的。并对国民精神总动员的内容作了新的解释和有益的改造。

1939年4月26日,中共中央发出《为开展国民精神总动员运动告全党同志书》(以下简称《同志书》),重申:"中央希望全体党员协同友党党员与各界先进人士,一致努力,认真地进行这一动员运动……全国人民真正奋起之日,就是抗日建国大功告成之时。在《同志书》中,中共关于国民政府"国家至上、民族至上"的提法,表明了自己的观点,指出中国这个国家是我们全体中国人的国家,尤其是占人口百分之九十的绝大多数中国劳动人民的国家。这个国家是我们中国人历史上生息休养创造奋斗的地方,是神圣不可侵犯的,这就是"国家至上"。中华民族是我们全体中国人的民族,尤其是占百分之九十的绝大多数劳动人民的民族,我们民族需要生存,需要繁荣,需要独立自由和幸福,我们民族首先需要从日寇的铁蹄之下解放出来。不坚决抵抗日寇到底,就决不会有民族的解放;不以绝大多数人民的幸福为民族的幸福,就决不是民族的最后解放。所以,抗战到底和争取民族绝大多数同胞的幸福,这就是"民族至上"。国家民族之利益应高于一切,在国家民族之前,应牺牲一切私见、私心、私利、私益,乃至于牺牲个人之自由与生命,亦非所恤。对于一切出卖国家民族的人,则宣告和他们势不两立。

关于"军事第一,胜利第一",中国共产党在《同志书》中说,在国民精神总动员运动中,共产党员必须继续发扬自己的牺牲精神,为保卫祖国流最后一滴血。反对在前线后方一切违反和破坏军事胜利的有害活动,毫不留情地控诉一切不顾民族利益的自私自利之徒的罪行,全国同胞对于这些败类应给予制裁。在国民精神总动员的运动中,全国坚决实行这个原则:唯求军事之胜利乃为吾国民人人共享之光荣,唯不能获得胜利为人人最大之耻辱,一切功罪,一切是非,胥当以此为标准。必须竭其全部之智能与全部之时间精力以求取军事之胜利。

关于"对国家尽其至忠,对民族行其大孝",中国共产党在《同志书》中给予了新的解释:对国家尽其至忠,对民族行其大孝,唯一的标准是忠于大多数与孝于大多数,不是仅仅忠于少数与孝于少数,而违背了大多数人的利益,否则就不是真正的忠孝,而是忠孝的叛逆。对于仁义也是一样,有益于大多数人的思想行为谓之仁,处理关系于大多数人利益的事务而得其当谓之义。汉奸、汪派、托派之所以成为不忠不孝不仁不义之叛逆,就是因为他们只顾少数人的私利,抛弃了全民族大多数人的共同利益。共产党员在国民精神总动员中,必须号召全国同胞使其对国家尽其大忠,为保卫祖国而奋战到底;对民族尽其大孝,直至中华民族之彻底解放;对四万万五千万同胞与人类之大多数给予同情与卫护,以实行其大仁;对危害国家民族、危害大多数人利益之敌人、叛逆与横暴者施行坚决的斗争与制裁,以实行其大义,借以达到最后胜利之目的。

中国共产党热情呼应国民政府的抗战政策,表现出异乎寻常的气度,这主要是因为抗战的需要和对传统文化态度的转变。对此,高晓雁教授评论道:"全面抗战后,中国共产党彻底纠正大革命以来对待马克思主义的教条化倾向,提出马克思主义中国化的命题,正确处理马克思主义与中国实际的关系,由此对传统文化采取理性批判态度,传统文化不完全是革命的对象,还是构建中国化马克思主义意识形态的文化资源,在建设民族的科学的大众的新民主主义文化中实现对传统文化守与变的初次结合。"①

中国共产党积极部署和开展"国民精神总动员运动",根据不同区域进行不同的宣传和教育。"借精神总动员运动来进一步推行自己一系列的抗日主张和纲领。对其防共的一面予以灵活性的化解,防止这种可能性的发

---

① 马军、高晓雁:"中国共产党对待传统文化态度的历史演进",《理论导刊》,2017 年 11 月。

生。中共这种策略的形成以巩固抗日民族统一战线为目的。"①国共两党共同继承儒家忠孝道德，使民众增添了抗击日本帝国主义侵略的精神力量，获得了包括中国共产党人、中间人士、国民党地方势力派等各种势力的一致拥护，增强了中华儿女们的精神凝聚力。

当年的学者们为了适应抗战，对"忠孝"思想进行理论阐释。其中冯友兰说："近代以来中国社会结构发生了根本性变化，从以家为本位的社会转变为以社会为本位的社会。以社会为本位的社会自然不需要立于其上的孝道，在以社会为本位的社会中，如其社会是以国为范围，则此国中之人与其国融为一，所以在以家为本位底社会中，忠君是为人，而在以社会为本位底社会中，爱国是为己。在此等社会中，人替社会或国做事，并不是替人做事，而是替自己做事。必须此点确实为人感觉以后，爱国方是我们于上篇所说之有血有肉底活底德。"②

著名哲学家林同济对忠孝也阐明了自己的看法。他说："当今世界处于大政治时代，其基本特征是一个激烈竞争的世界，是国力与国力的竞争。大政治时代的忠，绝对忠于国。唯其人人能绝对忠于国，然后可化个个国民之力而成为全体化的国力。故必然强调忠为百行先。我们并不反对孝——真而朴的孝，但不能不反对任何人在这个时辰还在那儿把孝高高抬起，放在百行之'先'。孝敬父母是私事，可本着自尽良心而为，不可扬扬然向社会鼓动。不能向孝之中寻忠，学究的办法是要教孝而求忠，我们的提议是教忠而求忠。"③

中华儿女不分党派、阶层，高扬本民族固有的精神和文化，以实现民族独立、统一和强大，不仅为抗日战争的胜利提供了一定的政治、经济、军事方

① 肖雄："论抗战时期中共对国民精神总动员运动的回应——以中共《告全党同志书》为中心的考察"，《中共天津市委党校学报》，2008 年第 4 期。
② 冯友兰："原忠孝"，《新动向》，1938 年第 11 期。
③ 林同济："大政治时代的伦理"，《今论衡》，1938 年 6 月 15 日。

面的支持,而且进一步激发了抗日根据地的广大人民群众和国民党区域广大民众的抗战建国的热情。

中国共产党对传统文化的理性认同在一步步加深。1940 年 1 月 5 日,在陕甘宁边区文化协会第一次代表大会上,中共重要领袖张闻天以"抗战以来中华民族的新文化运动与今后任务"为题发表演讲,他说:"旧文化中也有反抗统治者、压迫者、剥削者,拥护被统治者、被压迫者、被剥削者,拥护真理与进步的民族的、民主的、科学的、大众的文化因素。旧文化中这种文化因素,即是过去我们的祖先留给我们的宝贵的遗产。这种文化因素在民间流传特别广泛丰富,这是值得我们骄傲的。对于这些文化因素,我们有从旧文化的仓库中发掘出来,加以接收、改造与发展的责任。这就叫'批判的接收旧文化'。所以新文化不是旧文化的全盘否定,而是旧文化的真正'发扬光大'。新文化不是从天上掉下来的奇怪的东西,而是过去人类文化的更高的发展。"[1]

民族精神是一个民族赖以生存和发展的精神支撑。在五千多年的发展中,中华民族形成了以爱国主义为核心的团结统一、爱好和平、勤劳勇敢、自强不息的伟大民族精神。"在民族存亡的危机关头,中国人民空前团结,但同时,对抗日抱消极态度的落后民众人数亦不少,这也是事实。因而广泛动员各种力量来加强民族凝聚力,振奋国民精神,以抵抗日本帝国主义的侵略显得至关重要。而儒家文化的砥砺德行、变移风气、振奋士气以及增强爱国心和自信心的功能,使得它成为抗战时期重要的精神资源和思想武器。中国共产党人显然意识到了这一点。"[2]

民族精神和时代精神相辅相成、相融相生,二者统一于中华民族的精神品格之中。中华民族生生不息、薪火相传、奋发进取,靠的就是这样的精神;

---

①　张闻天:《抗战以来中华民族的新文化运动与今后的任务》,1940 年。
②　《毛泽东选集》(第三卷),人民出版社,1991 年,第 797 页。

中华民族抵御外来侵略、赢得民族独立和人民解放,靠的就是这样的精神。"如何对待传统文化,是中国共产党在革命、建设与改革历程中尤其是在革命文化和中国特色社会主义文化建设中需要面对的重要问题。从革命思维和行为下的激烈否定、基本否定,到执政思维和行为下的理性看待,再到新世纪的高度评价,既反映了时代主题的变换,也反映了中共思想认识的与时俱进。"①

在抗日民族统一战线旗帜下的中国共产党,对国民政府所发起的各种运动,诸如新生活运动、农村合作化运动、国民精神总动员等运动表示支持。中国共产党对传统文化态度的改变和对国民政府精神总动员的认同,改变了社会上许多人对中国共产党的认知。"中共有抗日的形象,平型关之战影响巨大,很多人敬慕八路军;中共有廉洁和奋斗形象,而国民党有浓厚官僚气,抗战中期后腐败严重,很多人转而欣慕中共;中共有民主形象,特别是新民主主义一改苏俄式的色彩,国民党'一个主义,一个党,一个领袖',引起许多人的反感,中共反而有强大吸引力;中共有平民形象,在根据地实施了一些社会改革,获得很高的声望,满足了社会上普遍存在的同情、关怀底层的民粹情绪。"②这就引发了成千上万的青年离开占据全国优势地位的国民党统治区,冲破重重艰难险阻,选择中共领导下的抗日根据地,尤其是奔赴当时中共中央所在地延安。

奔赴延安者来自社会各阶层,他们之中有青年学生、工人、农民、知识分子、文学家、艺术家、科学家、技术人员、新闻记者,有来自世界各地的华侨青年和国际友人,还有国民党军政人员、国民党员、三青团员等。例如,西安事变后,受中共抗日民族统一战线感召,东北军和西北军官兵纷纷脱离国民党军队投奔延安,如张学良之弟张学思,高崇民之子高存信,冯玉祥之侄冯文

---

① 杨凤城:"中国共产党对待传统文化的历史考察",《教学与研究》,2014 年第 9 期。
② 高华:"论国民党大陆失败之主要原因",http://www.soho.com/a 1255722289 - 788167w. text,2018 年 9 月 23 日。

华，杨虎城之子杨拯民，傅作义之弟傅作良，赵寿山之子赵元杰、儿媳罗兰，邓宝姗之女邓友梅等人。据八路军驻西安办事处统计："1938 年，经该处介绍赴延安的知识青年就有 2288 人；全年有一万余人从这里获准去延安。抗大第三期到第五期的 20124 名学员中，就有 12535 人是外来知识青年，占学员总人数的 62.3%。这些统计都是就知识青年而言，对于其他青年则未见包括。整体而言，抗战时期青年奔赴延安的数量远在 4 万以上。"①

第二节　开新忠孝文化，凝聚"抗战精神"

中国共产党用爱国主义的民族精神教育人民，在历史唯物论的角度对传统忠孝观注入了自己独特的看法，在传承和发展忠孝观念的基本思想时，始终立足于民族和国家的利益进行探索和实践，成功领导中国人民打破了封建专制的束缚，顺应时代潮流的发展，升华忠孝观，忠于党和祖国，孝于劳苦大众和中华民族。"倡扬民族主义、爱国主义，发扬民族传统，向民族传统中寻找精神力量，正可以或正是为了加强自身在融入世界时或在世界格局中的力量和地位，这样就进一步地融入了世界，而不是孤立于世界之外。同时，在世界舞台上分量的加重地位的提高，就是加重了这个民族国家的地位，而这又成为促进这个国家更进一步融入世界的动力。"②

一、忠孝文化孕育了"抗战精神"

在抗战中，中华儿女前赴后继，英勇牺牲，书写了勋昭千秋的事迹。中国共产党和许多仁人志士在践行忠孝道德时，孝不唯从父，忠为国家社稷。

---

① 莫志斌、崔应忠："中国共产党青年动员的成功运作——以抗战时期青年奔赴延安为例"，《党史文汇》，2015 年第 3 期。

② 王桧林："中国共产党在抗日战争时期的两种趋向：融入世界与转向民族传统"，《抗日战争研究》，2001 年第 1 期。

在家庭和国家关系上,坚持社会本位,忠孝不能两全时选择精忠报国,从而使忠孝规范博大而崇高。这是道德价值高于一切的浩荡国风,国风就是中华民族的精神,民族精神孕育了"抗战精神"。

抗战精神是以爱国主义为核心的民族精神的时代体现,是中国共产党团结全国各族人民实现民族独立和人民解放伟大斗争实践中的精神结晶。哲学博士迟成勇等人说:"中国抗战精神蕴含着丰富而深刻的传统文化品格:爱国主义体现中国抗战精神的'本性'品格,自强不息体现中国抗战精神的'刚性'品格;厚德载物体现中国抗战精神的'柔性'品格;艰苦奋斗体现中国抗战精神的'韧性'品格。四者相互联系、相互包含、相辅相成,共同建构起爱国主义精神的大厦,为中国抗日战争的胜利提供精神动力和文化支撑。"①

抗战精神最本质的根源是中华民族几千年来积淀而成的忠孝家国情怀和君子人格。历朝历代的治国经验证明,"孝"是道德之纲,于道德教化中具有纲举目张的作用,因为它是一切社会伦理情感的源泉。在家有孝心,在外必有爱心。一个尽心尽力孝敬父母长辈的人,必定成长为一个具有深沉家国情怀与厚道贤德的君子,成为对国家尽忠的人。

家与国互相依存,本质相通,孝与忠也就自然相通。有家庭私孝为基础,自然就有爱国之忠诚。如果一个人私德不健全,怎会有健全的公德?连孝道都蔑视的子女,当国家危难时,又怎能爱国保国? 又怎能做到视死如归、宁死不屈?

面对强敌入侵,中国人民不分党派,不分阶层,挺身而出,敢于牺牲。1937 年 7 月 7 日,日本侵略军向北平西南的卢沟桥发动进攻。驻南苑的副军长佟麟阁命令将校级军官到南苑开会,他说:"吾辈首当其冲,战死者光

---

① 迟成勇、陈蕴鸢:"论中国抗战精神的文化品格",《广东省社会主义学院学报》,2017 年第 1 期。

荣,偷生者耻辱!荣辱系于一人者轻,而系于国家民族者重。国家多难,军人当马革裹尸,以死报国!"他命令:"凡有日军进犯,坚决抵抗,誓与卢沟桥共存亡!"①中华民族传统的忠孝爱国精神在这位一军之长身上首先体现出来。守卫卢沟桥的将士们闻令,如奔腾洪流,荷枪舞刀,向敌群扑去。永定河咆哮了,卢沟桥震撼了!枪弹轰鸣,杀声阵阵,敢于向卢沟桥进犯的日军头颅在将士们的大刀下滚落,断臂掉膀者匍匐求饶,后续者不敢前进。

大敌当前,佟麟阁坚守南苑。此时,其父在北平城内病危,家人屡促其归省。佟麟阁一向事父母极孝,父母有病,必亲奉汤药,休假必回家看望双亲,但自七七事变以来,他为国而忘家,虽南苑与北平城内寓所近在咫尺,然而他从未返回。此时,佟麟阁万分焦急,他挥泪给妻子捎去书信,说:"大敌当前,怎能脱身!忠孝不能两全,此移孝作忠之时,我不能亲奉汤药,请夫人代供子职,孝敬双亲!"部属闻之,无不为之感动落泪,纷纷表示愿随将军共生死,奋勇杀敌!乃集合所部大呼:"此杀敌报国之时也!"②

7月26日下午,从山东火速赶回北平的29军军长宋哲元向全国发表自卫守土通电。宋哲元和佟麟阁连夜作出战略部署,令赵登禹师连夜赴南苑,配属佟麟阁作战,共同负责北平防务。7月27日,宋哲元令南苑29军军部迁入北平,可佟麟阁觉得在生死存亡关头不能离开南苑,遂令副参谋长张克侠带领军部人员进城,自己留下。7月28日凌晨,日军向驻守在北平西郊的南苑、北苑、西苑发起全面攻击。29军第132师赵登禹、37师冯治安、38师张自忠等率部分头应敌。这时,佟麟阁的副官王守贤把自己的存折交给佟麟阁,说:"副军长,委托您回城后转交我父母,看样子我怕是回不去了!"佟麟阁接过存折后,沉思片刻,又退还给他说:"你随军部撤回城内,还是你自己拿着吧!"然后他摘下自己的金十字架交给王,让王回了城。佟麟阁的夫

①　李继伟:"佟麟阁:誓与卢沟桥共存亡",《人民日报》,2018年10月25日。
②　李继伟:"佟麟阁:誓与卢沟桥共存亡",《人民日报》,2018年10月25日。

人彭静智接到他托人带来的这包东西,打开一看是笃信基督教的他最为珍视的那个金十字架,顿时泪流满面,说,"他是抱定殉国的决心了"①。

7月28日这天,日军调集重兵并动用30多架飞机向29军阵地发起猛攻,赵登禹所部伤亡惨重。战至中午,宋哲元命令赵登禹率部向大红门集结,当赵登禹乘坐的汽车行至大红门御河桥时,突然遭到了日军埋伏,车子被炸毁,赵登禹身受重伤,昏迷倒地。他含泪向传令兵说:"我不会好了,军人战死沙场原是本分,没什么悲伤的,只是老母年事已高,受不了惊吓!你回去告诉他老人家,忠孝不能两全,她的儿子为国而死,也算对得起祖宗……"话未说完就停止了呼吸。

赵登禹临出门时曾去告别母亲,先是跪在地上给母亲磕了头,然后站起身来道:"娘,儿去打东洋鬼子了,我不在家,你老人家可要好好保重身体啊!"母亲看着他,无语。赵登禹又抱了抱只有两岁的女儿赵学芬和四岁的儿子赵学武,又叮嘱正怀孕的妻子倪玉书要注意身体。没人知道他此刻对亲人有怎样的不舍,只看到他义无反顾地离家而去了,这一去,竟是永别!

赵登禹牺牲了,佟麟阁亲临阵前指挥,将士们从地上重新跃起,挥舞大刀,冲向敌群。学生军几乎是十命换一命。至下午4点,南苑的所有军事设施已是荡然无存,南苑失守,部队被打乱。佟麟阁率600多名幸存学兵向北平永定门外的大红门撤退,在大红门附近即被日军包围。佟麟阁端起枪来冲向敌人,士兵们受到激励,持枪挥刀与敌群白刃相接。佟麟阁大腿中弹,血流如注,副官求他躺下包扎,他不肯,接着他头部又被击中,壮烈牺牲。佟麟阁以29军副军长的身份战死沙场,成了全国抗战爆发后捐躯战场的第一位高级将领。

佟麟阁、赵登禹英勇牺牲的爱国主义体现了中国抗战精神的本性品格,体现了中华儿女不畏强暴、血战到底的英雄气概,也体现了"自强不息"抗战

---

① 佟兵、石原:"父亲佟麟阁:抗战中第一个殉国的将军",《文史博览》,2011年第7期。

精神的"刚性"品格。所谓自强不息,就是永不停止的积极进取精神和刚健自强的品德。"自强不息仅从中国人民传统的共同心理来看,有两层含义:中国人民有反对外来侵略的传统,对外侵略不能忍受;中国人民对内有反抗暴政、反压迫的传统。"①

中国共产党领导八路军、新四军坚持敌后抗战。1937 年 9 月 25 日,八路军在山西省大同市灵丘县设伏,115 师师长林彪、副师长聂荣臻指挥,国共协同与日本号称"钢军"的板垣征四郎第 5 师团第 21 旅团一部及辎重车队浴血死拼,取得"平型关大捷"的首战胜利。这也是抗战爆发后中国正面战场取得的首次重大胜利,打破了日军不可战胜的神话。

凡一个国家总要有本民族的精神,然后才能养成其民族性。要御外侮救中国就需要恢复我们固有的民族性,需要国民全体实践同一道德,这道德就是正道直行,持节重义,天下兴亡,匹夫有责,舍生取义,杀身成仁,秉持大丈夫的浩然之气,以此忠孝于国家和人民。这道德使中华民族之昔日绵延光大,而今这道德构成了抗战精神的基石,激励仁人志士奋力坚守,浴血奋战,为国捐躯。

民族气节就是民族的志气和情操,是一个民族在长期发展过程中形成的民族感情和民族心理。中华民族自古以来崇尚气节,崇尚民族自信自尊自强的精神。

在十四年抗战中,无论是共产党领导的敌后战场上的八路军、新四军,还是国民党正面战场上的爱国官兵都能勇敢作战。正像哲学家张岱年先生所说的那样:"抗日战争时期,中国人民同仇敌忾抵抗日本军队的入侵,大多数的中国人仍然坚强不屈地自称'我是中国人!'杀身成仁、舍生取义,在平时实无其因缘,有之惟当民族受凌辱而争取独立之时,可为之杀身、可为之舍生者,吾民族之独立为首要。"视死如归、宁死不屈的民族气节是坚守四行

---

① 《张岱年全集》(第 6 卷),河北人民出版社,1996 年,第 253 页。

仓库的"八百壮士"的壮烈行为；是宁死也不做俘虏的"八女投江"的视死如归；是"无论如何也不能当俘虏"的"狼牙山五壮士"的义薄云天……无数志士用实际行动谱写了一曲杀身成仁、为国捐躯的爱国主义新篇章。

"厚德载物"体现了中国抗战精神的"柔性"品格。《周易·坤象》说："地势坤，君子以厚德载物。"意思是君子应该像大地一样的品德宽广、仁厚，能够承载万物，包容万物。按照古人的说法，厚德来自大地的秉性，大地无不承载，宽厚能容万物。对于自然之物，厚德载物意味着滋生万物，顺承天意；对于社会存在，厚德载物意味着继善成性，成为谦谦君子。中国共产党人在抗日战争中展现出宽厚的君子情怀，也诠释了抗战精神中正义之师、仁义之师的一面。

八路军第 115 师副师长、政治委员聂荣臻在百团大战中演绎了战火救孤、催人泪下的大仁大爱的厚德故事。1940 年 8 月，晋察冀军区八路军正向井陉矿区进攻，有几位战士救起了两位日本幼女，其父母是井陉矿站的工作人员，日军投炸弹时被炸死了。战士们把姐妹俩放到两只箩筐里，抬回了晋察冀军区司令部。聂司令从工作人员手中拿过一只梨子，亲手削好递到那位稍微大点的女孩手中，温和地说："这梨子洗干净了，吃吧！"小姑娘接过梨子吃了起来，她名叫美穗子。聂司令转身回到办公室，写了一张便笺，其中道："日阀横暴，侵我中华，战争延绵于兹四年矣。""此次八路军进击正太线，收复东王舍，带来日本弱女二人。其母不幸死于炮火中，其父于矿井着火时受重伤，经我救治无效，亦不幸殒命。余此伶仃孤苦之幼女，一女仅五六龄，一女尚在襁褓中，彷徨无依，情殊可悯。经我收容抚育后，兹特着人送还，请转交其亲属抚养……日阀寡人之妻、孤人之子、独人父母。对于中国和平居民，则更肆行烧杀淫掠，惨无人道，死伤流亡，痛剧创深。"信写好后，聂荣臻放到箩筐里，命人把美穗子姐妹安全送达日方。

跨越 40 年时空，1980 年春，日本著名的《读卖新闻》头版头条刊登了《美穗子姐妹，中国元帅聂荣臻想念你们》的文章。美穗子姐妹看到后，来到中国,面谢救命恩人。美穗子一下子跪倒在聂荣臻面前,感激得泪水满面流淌……

抗战精神的"柔性"品格在中国共产党人身上体现得真切而感人。八路军副总参谋长左权将军从 1940 年 11 月到 1942 年 5 月牺牲,给妻子刘志兰写了十多封信,字里行间包含着他对家人、对不满两岁女儿的牵挂,体现出这位抗战将领的铁骨柔情。在最后一封信中,左权深情地对妻子说:"志兰,亲爱的:别时容易见时难,分离二十一个月了,何日相聚? 念、念、念、念!" 1942 年 5 月 25 日,左权在山西辽县麻田附近指挥部队掩护中共中央北方局和八路军总部机关突围转移时,血洒十字岭,时年 37 岁。

八路军总司令朱德,1926 年夏从苏联莫斯科中山大学学习军事后回国,参加北伐革命。此后的 10 年间,由于革命环境的恶劣,朱德与家里隔绝了书信联系。然而,朱德对母亲、对家人无时不牵挂于心。直到 1937 年下半年,国共开始合作抗战,朱德任八路军总司令,这才得以与亲友恢复书信往来。他先后给前妻陈玉珍、二嫂和同乡好友写信,询问"川北的母亲是否还健在? 川北家中情况如何?"①是年,朱德家乡四川仪陇县遭到严重饥荒。

朱德的生母、养母向远在山西抗日前线的儿子朱德求助,需要 200 元钱,可是抗战艰苦,朱德身上哪有什么钱财? 情急之下,他向在川的同乡好友戴与龄发出了一封求助信,写道:"与龄老弟:我们抗战数月,颇有兴趣,日寇虽占领我们许多地方,但是我们又去收复了许多名城……我家中近况颇为寥落,亦破产时代之常事,我亦不能再顾及他们。惟家中有两位母亲,生我养我的均在,均已八十,尚康健。但因年荒,今岁乏食,恐不能度过此年,又不能告贷。我十数年实无一钱,即将来亦如是。我以好友关系向你募贰佰元中币速寄家中朱理书收。此款我亦不能还你,请作捐助吧。望你做到复我。

---

① 王迎力:"一封借款信——朱德抗战文物背后的故事",《党史纵览》,2015 年第 6 期。

此候 近安 朱德 十一月廿九日 于晋洪洞战地"①戴与岭接信后,当即筹足了200元,送到川北朱德母亲手里。

1944年农历2月15日,朱德的母亲钟氏在家乡去世,享年86岁。由于战争,邮路受阻,这个信息传到延安已是一个月后了。朱德悲伤不已。他一个人坐在炕头默默地吸烟,任眼泪在脸上流淌。十八集团军司令部发表唁电:"惊悉钟太夫人讣报,敌后军民,咸深哀痛! 太夫人毕世勤劳,殚尽心力,抚育革命领袖,功在民族国家。楷模失瞻,德操长存,图蔚冥漠,莫如继志。当取太夫人遗训,教育三军,以对敌之胜利,望风遥奠。"②

4月10日,延安各界为朱德母亲钟太夫人举行追悼大会——为一个没有名字的母亲开追悼会! 延安各界代表千余人集结在杨家岭大礼堂。中共中央、中央军委、陕甘宁边区政府领导人,包括毛泽东、周恩来、林伯渠等均参加了追悼大会。由谢觉哉代读朱德的祭文,其中道:"得到母亲去世的消息,我很悲痛。我爱我母亲,特别是她勤劳一生,很多事情是值得我永远回忆的。……母亲是一个平凡的人,她只是中国千百万劳动人民中的一员,但是,正是这千百万人创造了和创造着中国的历史。我用什么方法来报答母亲的深恩呢? 我将继续尽忠于我们的民族和人民,尽忠于我们的民族和人民的希望中国共产党,使和母亲同样生活着的人们能够过快乐的生活。这是我能做到的,一定能做到的!"③

朱德按传统习俗,百天内没有剃胡子,以表对母亲的悼念之情。朱德对母亲具有大海一样的深情,他把母亲作为千百万劳动人民中的一员,赋予了母亲群体形象的社会内涵,表现了革命家们的"大孝"境界。

炎黄胄裔,千年春秋之中,每国步艰虞,外族侵凌之际,亢节殉义、万死不辞之士砥柱天下。而今,日寇犯我中华,中华儿女把自己的人生道路、家

---

① 陈微:"朱德的借款信",《中国纪检监察报》,2018年4月27日。
② 梁磊:"延安各界追悼朱德母亲大会纪实",《党史博览》,2003年第10期。
③ 梁磊:"延安各界追悼朱德母亲大会纪实",《党史博览》,2003年第10期。

庭命运联系在一起，休戚与共，积极作为。中华儿女濒雪被暴敌侵略、蹂躏、淫掳、焚杀莫大之耻辱，蹈死不顾，成仁成义，悲壮千秋。

百折不挠、坚韧不拔的必胜信念的抗战精神表现在艰苦奋斗的韧性品格上。中华民族是个吃苦耐劳的民族，苦而不屈，苦而不衰，蕴含着锲而不舍、愈挫愈奋的韧性品格。中国人民的抗日战争是非常困苦艰难的，尤其是中国共产党领导的抗日武装更是艰难。日本侵略者的"三光"政策，导致抗日根据地"曾经弄到几乎没有衣穿，没有油吃，没有纸，没有菜，战士没有鞋袜，工作人员在冬天没有被盖。国民党用停发经费和经济封锁来对待我们，企图把我们困死，我们的困难真是大极了"①。

中国共产党面临的抗战之艰苦是世所罕见的。抗日根据地军民发扬自力更生、艰苦奋斗精神，开展轰轰烈烈的大生产运动，克服不可征服的困难，创造了从未有过的奇迹，也创造了抗战精神之"延安精神"——自力更生，艰苦奋斗，乐于吃苦，不惧艰难的革命乐观主义；勇于战斗，无坚不摧的革命英雄主义；重于求实，独立自主的创新胆略；善于团结，顾全大局的集体主义；敢于斗争，敢于胜利，实事求是，依靠群众。靠这些精神打败了日本侵略者。

抗日烽火中，不仅有国共正规部队的将士浴血奋战，还有数不清的群众自发组织的抗日队伍，在民族危亡之际拿起武器，血洒疆场。马耀南司令就是其中的一位典型案例。

马耀南，1902 年出生于山东长山县。他曾加入国民革命军，但蒋介石叛变革命的行为让他的革命热情受到了打击，不久便辞官回家，被家乡各界人士邀请出任长山县中学校长。他对日本军国主义的侵略暴行万分愤慨，在日记中写道："全国已入血战状态，自顾尚在此安逸消闲，能不愧死？"1937 年12 月，日军轰炸长山县城，马耀南集合全校师生说："祖国不能亡，人民要活命，要活命就要战斗，拿起武器和敌人拼到底！"他组织起长山县第一支抗日

---

① 《毛泽东选集》（第三卷），人民出版社，1991 年，第 892 页。

武装队伍，但只有三条枪，经费也极其困难。他变卖家产，凑了 500 大洋。出门前，他对年迈的母亲说："日本鬼子要灭我们的国，灭我们的族，他不让我们活，在这个国家危亡、大敌当前之时，儿子难做到忠孝两全，请母亲恕儿不孝，待打败日本鬼子再来侍奉您老人家。"

此后，马耀南领导了著名的黑铁山起义，正式成立了山东人民抗日救国军第五军，马耀南出任司令。半年时间就发展到了 5000 多人，将整个鲁北地区的抗日根据地连成了一片。当时，第五军下边有七个支队，其中第一支队司令是马耀南的三弟马天民，第七支队司令是马耀南的二弟马晓云，被当地百姓称为"一马三司令"。

1939 年 6 月，马耀南率领八路军山东纵队第三支队指挥了著名的刘家井战斗，取得了消灭日伪军八百多人的胜利。日军纠集了 5000 多人进行报复。马耀南率部突围，途中遭到日军伏击，他与敌肉搏，壮烈殉国，年仅 37 岁。四个月后，马天民、马晓云相继在战斗时牺牲。马耀南兄弟三人为国牺牲，他们三兄弟的磅礴凛烈之气宏贯日月。这种民族爱国精神体现出了中华民族的国风。"一国可有一国的国风，靠这种国风，中国民族成为世界上最大底民族，而且除了几个短时期外，永久是光荣底生存着。在这些方面，世界上没有一个民族，能望及中国的项背。在眼前这个不平等底战争中，我们还靠这种国风支持下去。我们可以说，在过去我们在这种国风里生存，在将来我们还要在这种国风里得救！"

为了祖国，"母亲叫儿打东洋，妻子送郎上战场"；一位四川父亲给出川抗日的儿子送上"死"字旗："我不愿你在我近前尽孝，只愿你在民族分上尽忠"；为了祖国，儿童捐出零花钱、老人献上寿棺，就连乞丐也拿出自己微薄的所有。为了祖国，海外侨胞积极捐款捐物，成为中国战时经济的支撑，华侨青年纷纷回国参军参战。

日本帝国主义对中国的野蛮侵略和疯狂掠夺，给中国广大民众带来了深重的灾难。中华民族已经到了生死存亡的危急关头。面对日本侵略带来的生存危机,各派民族主义思想再度汇合成一股思潮。这股思潮成为中华民族内聚与统一的向心力,它最终促使各种政治力量汇合到抗日民族统一战线的大旗下英勇抗敌。

抗日战争时期,中华民族的伟大觉醒促成了伟大抗战精神的形成,抗日战争的伟大胜利是抗战精神的伟大胜利。抗日战争的胜利,一扫近百年来中华民族在对外战争中屡战屡败的阴霾,激发了民族的自尊与自信,极大地改变了中华民族的精神面貌。

伟大的抗战精神,是中国人民弥足珍贵的精神财富,是激励中国人民克服一切艰难险阻、为实现中华民族伟大复兴而奋斗的强大精神动力。"抗战精神本质上就是中国传统文化中的忠、孝、仁、义精神。中华民族自古以来就有精忠报国、入孝出悌、杀身成仁、舍生取义的精神传统。忠孝仁义精神是历代仁人志士崇高而神圣的价值追求。抗战军民就是继承了中国传统忠孝仁义精神的当代仁人志士。这种精神不但支撑着中华民族走过了近百年的血雨腥风,更创造了中华民族的不朽文化,也必将助力中华民族伟大复兴的中国梦,创造出更加辉煌的明天!"①

二、抗日同胞舍孝求大忠,彰显民族固有之魂

一个民族、一个国家的兴衰荣辱,与该民族能否坚持、弘扬本民族的主体精神关系至关重大。经历了数千年风雨沧桑的中华民族在其发展历程中,之所以不断显示出顽强、旺盛的生命力,就是因为她有非常优秀的民族精神作为自己生存和发展的强大内在动力。中华民族之所以能度过十四年抗战等艰苦卓绝的难关,扭转近代中国反侵略战争屡战屡败的局面,一个重

---

① 冯斌:"在抗战将领雕像揭幕暨墓志文化传承交流合作签约仪式上的讲话",《湖南民革统战要闻》,2017 年 6 月 21 日。

要原因就是中华民族赓续不绝的忠孝节义、自强不息、不畏强权、热爱和平、保家卫国的民族精神和家国情怀，就是为了国家的独立和民族的尊严，不惜抛头颅、洒热血、与侵略者进行不屈不挠斗争的顽强意志。这就是中华民族的精神之魂。

1935 年 8 月，中国共产党发表《八一宣言》，向全体同胞呼吁："无论各党派间在过去和现在有任何意见上或利益上的差异，无论各军队间过去和现在有任何敌对行动，大家都应当有'兄弟阋于墙外御其侮'的真诚觉悟"，坚决停止内战，一致对外。在抗日战争中，除汉奸、卖国贼以外，绝大多数中华儿女不分阶级阶层，不分民族种族，不分性别年龄，不分文化程度，不分宗教信仰，都团结在爱国主义的伟大旗帜下，共同为国家民族的生存而战。

面对日寇入侵，全国同胞清醒地认识到中华民族到了最危险的时候，因此民族凝聚力得到进一步增强，万众一心，共御外侮，整个民族都投入到抗日救亡的洪流中。当时的中国大地上，不仅有几百万军队在同日本侵略军拼死厮杀，而且从北到南、从东到西，处处都涌动着群众性的抗日救亡运动的洪流。

中国的抗日战争是弱国对强国。贫弱的中国依靠民族精神，加上中国地大、物博、人多、兵多，能够经得起长期战争的消耗，最后一定能战胜强大的日本帝国主义。正如毛泽东所说："我们中华民族有同自己的敌人血战到底的气概。""战争的胜利之最深厚的根源存在于民众之中，只要动员了全国老百姓，就会造成陷敌于灭顶之灾的汪洋大海。"

在中国共产党的感召下，中国民众积极抗战，弘扬中华民族自古就有的尽忠报国、舍生取义的优良传统，践行"天下兴亡，匹夫有责"的使命，为国家和民族的尊严，在强大的敌人面前表现出"宁为玉碎，不为瓦全"、视死如归的民族气节。

在河北献县城东几十里的地方有个东辛庄，庄里有户人家，母德范昭，儿孝作忠，大节不死，母子两代英雄，这就是马本斋和他的母亲。

1901 年马本斋出生在东辛庄一个回族农民家庭。父亲马永长是位老实忠厚的农民,母亲白文冠的娘家在河间城关六街。白文冠生三子,长子进坡、次子守清(经名尤素夫·马本斋)、三子守朋。马母心地善良,待人宽厚,又识文达理。虽然家境艰难,但她秉性刚强,时常接济更穷困的乡邻,深受乡亲尊重,村里人习惯叫她"大冠姑"。

马本斋 10 岁入私塾读书,13 岁那年家乡遭遇大旱,他失学随父亲先后到了张家口、内蒙古等地谋生。其间曾加入了张作霖的奉军,又被选送到沈阳北大营讲武堂学习。1935 年,马本斋看不惯军阀腐败,愤然解甲回到故土。他写了一首诗表达自己的心志:"风云多变山河愁,雁叫霜天又一秋。空有满腹男儿志,不尽沧浪付东流。"

1937 年抗战全面爆发。日寇大举进犯华北。一队日军进了东辛庄,马本斋的三弟马守朋和一些乡亲们惨遭日寇枪杀。母亲白文冠悲痛万分,把马本斋叫到跟前:"儿啊,对恶狗用棍子,对强盗用刀子! 咱这人命可不能白搭! 你当过兵,你现在就去拉队伍打鬼子报仇啊!"马本斋抹掉眼泪挺起身说:"娘,我去拉队伍,不杀尽鬼子,决不罢休!"马本斋组织本村 70 余名回族青壮年,打出了"抗日义勇军"的大旗。

为了支持儿子抗日,白文冠不顾年迈体弱,携儿媳走街串巷组织起 30 多名妇女,为义勇军战士做饭、送水、洗衣裳。在白文冠的影响下,东辛庄的乡亲们都积极参加到抗击日寇、保卫家乡的斗争中。白文冠劝慰儿子说:"听人说八路军打日本,你找孟庆山去吧(孟庆山是河北抗日游击军司令员)!"马本斋是个出了名的孝子,他听了母亲的话,于 1938 年 3 月率队到河间,与"回民干部教导队"合编为"回民教导总队",马本斋为队长。一年后,马本斋的部队在河间编为八路军第三纵队回民支队,扩大到六七百人,马本斋任司令员,并加入中国共产党。从此他不惧牺牲,奋勇杀敌,在广阔的冀中平原和冀鲁豫大地上,打得日本侵略军闻风丧胆。

1940 年初到 1941 年 7 月期间,面对日军企图封锁分割抗日根据地的严峻形势,马本斋率回民支队在深县南部、大清河畔、白洋淀、无极、定县等地千里驰骋,不断消灭敌人,壮大自己,被冀中军区誉为"打不烂、拖不垮、攻无不克的铁军",毛泽东同志欣然命笔,称回民支队是"百战百胜的回民支队"。

日军山本联队奈何不得马本斋和他的回民支队,就抓捕了马本斋的母亲马老太太。在河间县城,日军中队长、伪县长劝降她,可老人家不为所动,连话都不跟他们说一句。第二天敌人收买了一位士绅佟万成,他夫人是马老太太的熟人。佟夫人进言道:"老太太,你给本斋写封信吧,让他来日本军中做大官,您老也享享福!"马老太太不屑地闭着眼。佟夫人又敬上饭食,被马老太太摔在地上。日本联队长山本满脸堆笑,请马老太太用餐。马老太太声色俱厉:"我是中国人,不吃日本的饭!"山本又说:"你只要写信叫马本斋来河间谈判,要什么条件都可以答应。"马母痛斥道:"讲条件,就是让本斋不要管我,好好带着回民支队打你们这群强盗。"敌人逼迫她的亲戚桐万娥劝老太太吃饭,说,"要是您老人家有个好歹,我一家人都没命了!"马老太太微微叹息着说:"孩子,别糊涂了。一到河间城,我就没想活着回去。咱可不能对不起国家,对不起主啊!你告诉本斋,娘死得值,要他好好打鬼子,就是对娘尽孝了。"第三天,马老太太的二妹来看她,她对二妹说:"我住在这汉奸城里,倒不如死了的好,死了,我的儿就不用再牵挂我了!"

马本斋是有名的孝子,闻讯母亲被捕后心急如焚。这时,敌人送来了劝降信,信上说:"马本斋,你若是个孝子,就该为你老母亲想想,你怎么能见死不救呢?"战士们围过来纷纷请战,要求前去营救老母亲。马本斋坚定地说:"我的好兄弟们!我娘被鬼子抓走了,我心里比刀割还难受!可是,还有什么比抗日大业更重要的呢?"

马老太太已经绝食第七天了。伪县长又来劝降,可马老太太躺在炕上紧闭双眼。伪县长不死心,一味劝说,马老太太被激怒了,一翻身坐起来指着他的脸道:"我生养的孩子比不得你聪明!他只会打日本人,一向不知道投降二字。他现在带着队伍在子牙河以东,有本事你和日本人到他那里说去吧!"说完她又躺下了,自语道:"别以为马本斋的娘是好欺负的!"第八天,即 1941 年 10 月 4 日(农历八月十四),马老太太停止了呼吸。

得知母亲牺牲的消息,马本斋强忍悲痛写下了"伟大母亲虽死犹生,儿定继承母志,与日本人血战到底"的誓言,又挥泪赋诗哀悼母亲:"宁为玉碎洁无瑕,烽火辉映丹心花。贤母魂归浩气在,岂容日寇践中华!"马本斋及回民支队全体戴孝,继续战斗。

马本斋把对父母的孝心转化为对国家的忠心,舍小家为大家的背后正是家国情怀催发的如山使命。

家庭是乡村的灵魂,是乡村革命建构的肇始。抗战时期,中国共产党在广袤的乡村地区创建了数量众多的抗日根据地,并逐渐开始将乡村纳入革命政权建设实践,将抗战的意识延伸至乡村民众的内心深处。1940 年 11 月,《抗战日报》发表社论,提出"一切工作在于村"的口号①,要求各级干部踏踏实实做好乡村的工作。以自下而上的方式,对乡村民众的日常生活进行政治化整合,以使革命的意识形态渗透进乡村治理的神经末梢。由此,民众的思想觉悟得到提高,精神面貌焕然一新。面对日寇野蛮侵略,为了祖国,"母亲叫儿打东洋,妻子送郎上战场"。

1940 年,八路军 10 团挺进密云西部山区开辟抗日根据地。密云县张家坟村的家庭妇女邓玉芬听人宣讲抗日道理,懂得了只有穷苦人拿起刀枪打鬼子,才能挽救国家拯救自己。邓玉芬含辛茹苦地养大了 7 个儿子。她和丈夫商量:咱没钱没枪,可是咱家有人,就叫儿子打鬼子去吧! 于是,她的大儿子永全、二儿子永水成为了白河游击队的首批战士。三个月后,她又把三儿子送了过去。

1941 年底,日本侵略者实行"三光"政策,制造"无人区"。邓玉芬叫丈夫把在外扛活的四儿子、五儿子找回来,参加了抗日自卫军模范队。1942 年

---

① 《抗战日报》编辑部.一切工作在于村[N].抗战日报,1940 - 11 - 09(1)。

3月,丈夫任宗武和四儿子永合、五儿子永安种地时遭到日军偷袭,丈夫和五儿子同时遇害,四儿子也被抓走了。是年秋,大儿子永全在保卫盘山抗日根据地的一次战斗中英勇牺牲。第二年夏,被抓走的四儿子永合惨死在鞍山监狱中。同年秋,二儿子永水在战斗中负伤回家休养,因伤情恶化无药医治死在家里。

面对沉重打击,邓玉芬都咬牙挺住了。她的家成为八路军和伤员的经常性住所。她为八路军烧水做饭、缝补衣服,为伤员接屎接尿、喂汤喂药。她和家人以粗糠、树叶、野菜充饥,却把省下来的粮食送给八路军。

1944年春,日伪军为了肃清"无人区"的抗日力量,包围猪头岭一带7天7夜。邓玉芬的儿子小六跑丢了,她背着刚满7岁的小七和区干部、乡亲们躲藏在一个隐蔽的山洞里。敌人前来搜山,小七因生病啼哭不止,邓玉芬情急之下从破棉袄里扯出一团棉絮塞进孩子嘴里。敌人终于下山了,但孩子已脸色青紫,微弱地吐出几个字:"娘,我饿……"小儿子死在了母亲怀里。

为了抗战,邓玉芬这位农村普通母亲,先后失去了丈夫、大儿、二儿、四儿、五儿、七儿。

中国人民的抗日战争是为生存而战的民族解放战争,全民族团结抗战是国家共识。中国大多数民众生活在社会的最底层,他们中很多人被共产党领导全国人民积极抗战的坚强决心、崇高理想所激励,坚定了抗战胜利的信心。面对穷凶极恶的日军,他们誓死不当亡国奴,以命相搏、置于死地而后生,体现了中华民族抵御外敌的传统道德和新的抗战精神,这在共产党领导下的敌后抗日根据地里表现得尤为突出。

1937年11月,刘伯承等人创建了以太行山为依托的敌后抗日根据地。八路军129师司令部进驻左权县(原名辽县,后易名左权县)西河头村一年零九个月。1939年6月,129师司令部移驻桐滩村。1940年6月迁至涉县。129师战士申志来、李二贵,在驻地涉县第一次给家中父母亲写信,信是用毛笔写在两张包袱皮上的。两人系表兄弟关系,李二贵是表弟。

一封信的正文上方写着"辽县桐滩村申志红转接爹娘大人、妹亲人"和"129 师 385 旅 769 团 2 营 2 连副连长:申志来。一九四二年柒月肆日"。信的详文如下:

> 父亲母亲大人,还有小妹,你们好!别离五年,这是初次问侯(候)!甚罪!感谢父亲母亲大人二十五年养育之恩,儿子没来得及报答,我心如刀割!日寇进攻和屠杀很甚,随时准备做好牺牲!父母亲大人,你们要注意身体。小妹,你已长大,拜照顾好咱爹娘,家中粉坊太苦,辛苦小妹。这次通过包袱问候!最敬爱的左纪权左参谋牺牲!我要向(像)钢铁一样与日寇死磕到底!

另一封信的右上方写着"申志红转接辽县桐滩村李爱田(父)、李素英(母),129 师二连战士:李二贵"。信的正文如下:

> 父母亲大人你好!
>
> 别离二年,你们二老注意身体!跟表哥一起抗日,请二老放心,待胜利回家近(尽)孝道!感谢父母亲养育之恩!
>
> 此致抗战胜利!①

李二贵参加八路军两年后与表哥申志来同时给家中写信。申志来离家 5 年后第一次给父母写信。为了抗战胜利,申志来虽愧对父母养育之恩"心如刀割",但义无反顾,随时准备牺牲以报效国家。并告知最敬爱的左权参谋长牺牲的噩耗,立誓"要像钢铁一样与日寇死磕到底"。李二贵希望待抗日胜利后"回家尽孝道",报答父母养育之恩。两封源于心灵的家书,既眷顾

---

① 两封信均摘自《两封写在包袱皮上的抗战家书》2022 年 7 月 29 日,《山西日报》)。

家庭的孝悌，又凸显报效国家的忠贞，字里行间无不透露出革命战士保家卫国的坚定信念。

在战火纷飞、生死未卜的艰难岁月，两位纯朴的战士在战斗空隙，内心思想当然有许多，而最大的牵挂则是父母和家中的亲人，其情真意切的牵挂和不舍显示出孝伦理不可抑制的人子之情，同时又表现出不畏强敌、忠义报国的民族气节，这正是中华民族精神特质的集中表现。

我们积弱积贫的祖国罹遭外敌凌辱，侵略者对中国人民的掠夺与杀戮罄竹难书，这激发了广大同胞团结一心、共赴国难的爱国精神。儿童捐出零花钱，老人捐献寿棺，就连乞丐也拿出自己微薄的所有。为了祖国，海外侨胞积极捐款捐物，成为中国战时经济的支撑，华侨青年亦纷纷回国参军参战。

1939 年，符克抛下远在越南的亲人，独自回到故乡海南，担任"琼崖华侨回乡服务团"的团长。符克在写给亲人的家书中说道："我相信你们是了解的，国家亡了我们就要做人家的奴隶了。抗战救国，争取胜利，不是少数人所能负得起的，我之参加革命工作，也希望你们放大眼光与胸怀，给与无限的同情与原谅吧。"符克还写了对家人的愧疚。"爸和哥！你们宠爱和抚育我的艰辛，我时刻是牵挂着的。不过，我实在没有机会与能力来报答你们。也许你们会反骂我不孝吧，爸和哥别怀疑和无悔吧！我之所以参加救国工作，不惜牺牲自己的生命，为的是尽自己之天职，尽其能力贡献于民族解放之事业而已。""爸和哥，别挂心吧！把鬼子赶出中国以后，我们一定能够得以共叙天伦之乐的！假使遇有不幸，也算是我所负的历史使命完结了，是我的人生的最大休息了。"

符克带领"琼崖华侨回乡服务团"245 人，先后分成 5 批，冲破日军在海上的重重封锁来到琼崖，给抗日军民送医送药，同时宣传发动民众抗日救国。他们的到来，鼓舞了海南当地无数的年轻人，勇敢地拿起枪和日寇做殊死的斗争。1940 年 8 月 12 日，符克被国民党秘密杀害，年仅 25 岁。他的战友、中共琼崖特委书记冯白驹评价他"生为民死为民，生伟大死光荣"。

抗战精神，民族之魂。这可以由一封封"抗战家书"得以鲜活而生动地展现。抗战家书，因其战火纷飞的时代背景，满是对亲人对家园的思念和对祖国忠诚的心灵告白。"家书中蕴含的礼文化、义文化、忠文化、孝文化，是中华优秀传统文化最直观的体现。烈士绝笔中表达的是临患不忘国的忠诚，'国耳忘家，公耳忘私'的大义，是'泰山鸿毛之训，早已了然于胸'的信守，是舍我其谁、铁肩担道义的责任。"①

"母亲和你在生前是永久没有再见的机会了。希望你，宁儿啊！赶快成人，来安慰你地下的母亲！我最亲爱的孩子啊，母亲不用千言万语教育你，就用实行来教育你吧，在你长大成人之后，希望不要忘记你的母亲是为国而牺牲的。1936 年 8 月 2 日，母亲赵一曼于车中。"牺牲的时候，赵一曼只有 31 岁。不管她的革命意志多么坚强，当她以一个母亲的身份书写时，难以抑制的还是对于孩子的依恋与思念，她最后的希望说明她是为了更多孩子而舍去了自己的孩子，表现了她以死殉国的毅然决然。

安徽省庐江县人胡孟晋，1938 年春投身抗日运动。1939 年 11 月 28 日，已经是新四军五支队司令部秘书的胡孟晋，结束了在家乡舒城两个月的假期，即将返回前线。面对依依不舍的妻子张惠，他写了一封辞别书。

最亲爱的惠呵：

我们又要离别了！当你听到离别的声音，或者不高兴吧！

……希望你将无知识的妇女组织起来，宣传和教育她们，使伊等知道："皮之不存，毛何附焉？""国之不存家何在？"使她们不至舍泪终日，倚门遥望前线上的夫、子早日归来呢！……爱人呵，你在无事的时候多

---

① 中国人民抗日战争纪念馆副馆长李宗远《抗战家书中的家国情怀》，《光明日报》(2015 年 12 月 29 日第 11 版)。

多阅读书报，可使你知识进步。好好教养二个小孩，切忌打骂。处家事，对外人，言语态度等事，可参考我的日记和通信，要切实的做，不然我的心思枉费了。谁不愿骨肉的团聚？谁不留恋家庭的甜蜜？感情甚笃的夫妻离散，自是倍感无奈与依恋。但是特殊时期，不能奢谈这些儿女情长。……

一封感情笃深的家书，令人感受到当年的硝烟和苦难，感受到他们集温情和豪情于一身的家国情怀。

家书纸短，无论表达的是对父母、对孩子的牵挂，还是对爱人的思恋，承载的是几千年来赓续不绝的伦理道德，诠释的依然是古老的生生不息的民族精神，它植根于中华大地，流淌于亲情血脉之中。

中国共产党领导全民抗战，其主要力量来自于广大的劳苦大众。一个个抗日战士源源不断地从他们中而来，后方的资源、资金、工具、人力等都来自于他们无私的奉献，人民为抗日战争做出了旷世无二的牺牲！正是有了所有爱国者的努力奋斗，抗日战争才最终取得了胜利。

第五章

返本开新，忠孝家国情怀的当代价值

第一节　家国情怀与君子人格

近年来,社会各界弘扬中华优秀传统文化的热情不断高涨。如何充分发挥以儒学为主干的中华优秀传统文化在现代社会中的价值与作用,这是关系我们增强文化自信,推动中华优秀传统文化创造性转化、创新性发展和弘扬社会主义核心价值观的重要课题。

"当今时代,儒学发展面临诸多必须正视的时代挑战和应当解决的现实问题,诸如东、西方社会现代化的动力与目的问题,东、西方社会新一代面临的多元价值冲突问题,现代国家治理方式多元化及其国际整合问题,经济全球化过程中出现的恶性利益追逐与市场竞争问题,生态危机与人类文明发展的冲突问题,人类未来走向与发展取向问题,等等。除此之外,来自宗教信仰者的诘难,来自西方政治制度的批评等,是儒学发展的外部挑战,考验着儒学解决矛盾的能力与智慧。"①

今天的中国正致力于中华民族的伟大复兴,实现中国梦最需要的是外部和平、内部社会和谐稳定的局面。对外欲谋和平,就要应对全球化带来的竞争挑战,维护我们在世界上的经济利益,就要应对霸权主义对我们的围堵封锁和整天在海上叫嚣,武力威胁我们国家的安全问题。面对外部国际环境,我们必须激发民族精神、爱国主义精神,建立强大的军事力量和忠于民族、忠于国家的人民武装;在内政上,欲求社会和谐稳定,则需要每个家庭都和谐,敬老孝亲,自立而刚毅,需要全体人民群众忠于事业,积极进取,恪尽职守,戴仁而行,抱德而处,需要党和国家的领导干部不宝金玉、不贪不淫、清廉勤勉。

这些道德、操守哪里来?曰:尽蕴含在中华民族传统忠孝一体的"家国情怀"和"君子人格"中。贺麟先生说:"我们要从检讨这旧的传统观念里,去发现最新的近代精神。从旧的里面去发现新的,这就叫做'推陈出新'。必定要旧中之新,有历史有渊源的新,才是真正的新。那种表面上五花八门,欺世骇俗,竞奇斗艳的新,只是一时的时髦,并不是真正的新。"②

挖掘先儒忠孝文化的现代价值,利用"家国天下""家国一体"的伦理道德,增强国人的家国情怀,应对外部威胁和挑衅,保家卫国;开新"五伦""五常""四维""八德"的伦理道德,构建和谐社会,唤起君子人格,建立中华民族共有的精神家园。这对丰富中国特色社会主义的伦理精神与道德规范具有现实意义。

一、忠孝伦理积淀成家国情怀

中华民族的国家意识源远流长,它构成了我们民族文化的灵魂,是民族

---

① 成中英:"着力建构新的世界化儒学",《人民日报》,2016 年 9 月 11 日。
② 贺麟:《文化与人生》,上海人民出版社,1988 年,第 51 页。

存续的命脉所在。而忠孝文化积淀而成的"家国情怀"已经成为中华民族最深沉的精神追求，代表着中华民族独特的精神标识，成为中华民族生生不息、发展壮大的丰厚滋养。

家国情怀就是在家尽孝，为国尽忠，就是修己安人，经邦济世，其价值理想是以身报国，建功立业。具体地说，所谓家国情怀，就是个人对家庭、国家等共同体的认同和热爱。其基本内涵包括家国同构、共同体意识、仁爱之情、进取之心。其实现路径强调个人修身、行孝尽忠、重视亲情、乡土情结、民族精神、爱国主义和天下意识。从本质上说，家国情怀是对家庭、家乡和国家，以及生于斯长于斯的人民所表现出的深情大爱，是一种高度的认同感、归属感、责任感和使命感。

在中华文明数千年演进历程中，家国情怀有着深厚的滋生土壤和历史渊源。古老的中国迈入商周时代，已经形成比较稳固的氏族血缘宗法制度。这种把血缘纽带同政治权益结合起来，不仅构成了中国社会组织形态的基本特征，也是组成社会政治结构的重要支架，这就形成了"家国同构""家国天下"的道德观念。"家国同构决定了政治关系实质上是由血缘关系来确立的，由此在社会意识领域中，孝忠合一成为家国同构的观念形态。"①学者钱念孙同样认为："这种由家而国的真实社会进程和历史事实，既造成人们对家庭、家族、宗族及其人伦关系的高度重视，也促使人们形成爱家、爱乡、爱国情感交织的民族心理，从源头上为中国社会发展植入了伦理与政治交叉重叠的紧密关系。"②这就是说，父权与君权互为表里，国与家虽有大小之别，但命运相连，息息相关。没有家就没有国，而国又是家庭细胞赖以生存的肌体，国盛才能家兴，国破则难免家亡。

春秋时期，"家国同构"观念逐渐深入人心。孔子曰："君子之事亲孝，故

---

① 金香花："'家国天下'观念的历史形成及其现代意义"，《光明日报》，2019 年 10 月 28 日。
② 钱念孙："家国情怀溯源"，《光明日报》，2019 年 10 月 7 日。

忠可移于君;事兄悌,故顺可移于长;居家理,故治可移于官。"(《孝经·广扬名》)这就把在"家"对父母的"孝"与在"国"对君主的"忠"自然结合在一起,"亲亲"与"尊尊"在很大程度上相互重合、融为一体。这种"家国同构"的理念把家与国的联系看作唇齿相依、荣辱与共的关系。家国同构认识长期延续、积淀下来,成为我们民族一种稳固的文化理念和心理结构。家国同构的社会结构、生活方式及心理认知,正是家国情怀萌生滋长的肥沃土壤。

《礼记·大学》中说:"古之欲明明德于天下者,先治其国;欲治其国者,先齐其家;欲齐其家者,先修其身;欲修其身者,先正其心;欲正其心者,先诚其意;欲诚其意者,先致其知。致知在格物。"这里一方面强调一个人要想立德于天下,就要为国效劳,治理好自己的国家;另一方面又指出,要想报效和治理国家,必须管理好自己的家庭和家族;而整顿好家庭和家族,则应从修养自身做起,在格物致知、正心诚意上下功夫。这就把个人、家庭、国家的逻辑关系结为一体,这是家国情怀产生、流布的内在动因和基本条件。

人们在家庭伦理中感受到的亲情血缘之爱,成为对他人之爱的起点,进而成为社会责任感与入世精神的基础。以基于血缘的亲情之爱为基础,从自然的血缘之爱推广扩大为更大的伦理关系。以己推人、由近及远,最终发展为"民胞物与"的精神自觉与以天下为己任的责任意识,逐渐积淀成为家国情怀。

在家尽孝、为国尽忠是家国情怀的核心要义,集中体现出经世济民的中国古代文人忠孝一体、家国同构的人格追求。家国情怀的产生正是在这条人生道路上开拓前行的必然结果,也是激励人们为国为家拼搏奋斗的情感基础和精神力量。

总之,萌生于商周时期的家国情怀,建立在人的自然情感基础之上,从父慈子孝、兄友弟恭到心怀天下、报效国家,把以血缘关系为纽带的天然亲情推己及人,由家及国,拓展和上升为关心社会、积极济世的责任意识和伦理要求。

家国情怀作为中国优秀传统文化的重要精华，是对家庭和国家共同体的认同和热爱，是关心、维护、奉献担当的精神，数千年来如春雨润物，浸润和滋养中华儿女的情感与心灵，激励无数仁人志士创造可歌可泣的丰功伟业，对中国人的文化心理和民族精神产生了巨大而深刻的影响。在长达两千多年的德治实践中，家国情怀成了华夏儿女最真挚的情感归宿和精神底色，社会共识由此而凝聚。

"天下之本在于国，国之本在于家，家之本在于身。"（《孟子·离娄上》）家国情怀深植于中国人的心田，岁月深长，情感深邃。无数仁人志士的成长历程证明：凡是将个人成长、个体事业与天下苍生的命运联在一起的人，都能做出大事，实现人生价值，获得成功。

家国情怀是古代文人士子对国家认同感、归属感、责任感和使命感的高度融汇。从尝遍百草的神农氏、"哀民生之多艰"的屈原，到心怀救国济民却被放逐于湘的贾谊、范仲淹、柳宗元等，他们把"天下兴亡，匹夫有责"的爱国意识与敢为天下先的豪迈气概紧密结合，为后世开辟了优良的家国传统，延续至今，影响深远。

古往今来，志士诗心容天下，家国情怀见笔端。唐诗中的边塞诗人高适，有"汉家烟尘在东北，汉将辞家破残贼"的愤激骏切；王昌龄"黄沙百战穿金甲，不破楼兰终不还"的激扬豪迈；王翰"醉卧沙场君莫笑，古来征战几人回"的坚毅从容；张为"向北望星提剑立，一生长为国家忧"的慷慨激昂……这些振聋发聩的醒世励志诗篇，也是炎黄儿女血性报国情怀的生动体现，诠释着以国为家、家国一体的价值理念。

两宋时期，家国情怀成了诗词的基调和主旋律，其中张扬爱国主义的优秀篇章更为后人所推崇。南宋陆游的诸多诗词中，浓郁的家国情怀像一根主线贯穿始终。"早岁哪知世事艰，中原北望气如山"；"王师北定中原日，家祭无忘告乃翁"。他临终前仍然魂牵梦系复兴大业和国家安危，耿耿忠心与日月争辉。南宋末年文天祥在《过零丁洋》中写道："山河破碎风飘絮，身世浮沉雨打萍"，把自己命运和国家前途紧紧联系在一起，"国之不存，家将焉附"。他誓死不降元军。宋代词人李清照是一位深具家国情怀的女中豪杰，她将家国之思、故土之恋、时局之忧及家愁国恨，都付诸诗词之中。"生当做人杰，死亦为鬼雄。至今思项羽，不肯过江东。"其凛然风骨、浩然正气，长存于天地之间。

明朝末年，随着民族危机日益加深，爱国志士们再次奏响了抗敌救国的主旋律。明朝末年大臣陈子龙的"不信有天常似醉，最怜无地可埋忧"；明末诗人夏完淳的"缟素酬家国，戈船决生死"。

清朝诗人黄遵宪的"杜鹃再拜忧天泪，精卫无穷填海心"；谭嗣同的"四万万人齐下泪，天涯何处是神州"；梁启超的"谁怜爱国千行泪，说到胡尘意不平"；秋瑾的"拼将十万头颅血，须把乾坤力挽回"等，都浸透着家国情怀和时代担当。

现代中国第一批马克思主义者毛泽东、周恩来、蔡和森、邓中夏、恽代英、瞿秋白、赵世炎等老一辈革命家，以家国天下的雄壮情怀，开创了伟大的新民主主义革命。1928年8月25日，年仅25岁的王尔琢英勇牺牲前写给父母的一封家书，其中言："儿何尝不思念着骨肉的团聚，儿何尝不眷恋着家庭的亲密，但烈士殷红的血迹燃起了儿的满腔怒火，乱葬岗上孤儿寡母的哭声斩断了儿的万缕归思。为了让千千万万的母亲和孩子能过上好日子，为了让白发苍苍的老人皆可享乐天年，儿已以身许国，革命不成功立誓不回家。"①革命者爱国爱家的拳拳赤子之心跃然纸上。

家国情怀深深扎根于中华民族血脉，成为中华民族文化基因里的重要内容。由于中国传统文化推崇家国思想，中国人群体意识里被浸染了极强的社会责任感和历史使命感。无数仁人志士顾大义、重气节，义不负心、忠不惜死，书写了一曲曲悲壮的忠义之歌，表现了对国家、民族的大忠大义，支

---

① 李仙娥："以五四精神涵养新时代青年的家国情怀"，《中国社会科学网》，2019年5月4日。

撑了中华民族的永续发展。

　　国家统一、民族兴盛是家国情怀的终极价值。在民众中,许多开明之家、贤达之士恪守勤学奉公、崇德向善、敬业乐群、恤民效国的价值理念,这成了一种生命自觉和文化承续。家国情怀延续了一代又一代,既眷顾家庭的孝悌,又凸显着报效国家的忠贞。家国情怀应当成为社会主义核心价值观的重要内容和基本要求。"在家尽孝、为国尽忠是中华民族的优良传统。没有国家繁荣发展,就没有家庭幸福美满。同样,没有千千万万家庭幸福美满,就没有国家繁荣发展。在全社会大力弘扬家国情怀与培育和践行社会主义核心价值观是内在统一的。"①只有心中有家、有国,才能把推进国家的繁荣富强当作自己的责任。

二、家国情怀相伴君子人格

　　"君子"之谓是两千多年来中国人追求的理想人格。浙江大学君子文化中心主任何泽华说:"君子是中华民族独特的人格形象,家国情怀是中国人特有的社会意识。这两个独特的文化现象又是紧密联系在一起的。君子必然具有深厚的家国情怀,家国情怀则是传统君子最显著的人格标识。当下,家国情怀仍然是新时代君子鲜明的价值取向和高扬的精神追求。"②

　　"'君子'一词最早出现在《易经》中。君,原指古代国家最高统治者,俗称君主。君子,原本是国君之子的意思。'君子'的称谓在西周时就已经普遍流行,主要是对具有一定身份的贵族或是有地位的人的通称,是与劳动者阶层(小人)相对而言的,还不具有'道德'的内涵的。作为一种通称,对君子也就可褒可贬。西周末年,整个社会发生变动。贵族君子也开始趋于衰落,

　　① "习近平总书记在2019年春节团拜会上的讲话",新华网,China news. com. cn/mgn/2019,2019年2月3日。
　　② 刘江伟、王国平:"弘扬君子文化 传承家国情怀——第五届君子文化论坛侧记",《光明日报》,2019年8月30日。

大部分贵族被变动的浪潮从高岸抛到深谷,君子称号的原有内涵开始丧失,逐渐演变为道德品质的内涵。"①

周文王姬昌在其所著的《周易》里,较为明确地将"君子"作为重要概念进行论述。谓"天行健,君子以自强不息"和"地势坤,君子以厚德载物"。意谓天(即自然)的运动刚强劲健,相应于此,君子处世,应像天一样,自我力求进步,刚毅坚卓,不屈不挠,发愤图强,永不停息;大地的气势厚实和顺,君子应增厚美德,容载万物,接物度量要像大地一样,没有任何东西不能承载。"自强不息""厚德载物"成了中华民族精神的一部分。

儒家的创始人孔子开始以道德品性的高下来区分君子与小人,看一个人能否成为君子,主要是看他是否具备君子的道德品格。孔子说:"君子之道有三,我无能焉;仁者不忧,知者不惑,勇者不惧。"(《论语·宪问》)意思是,君子所具有的品格有三个方面:仁德的人不忧愁,睿智的人不迷惑,勇毅的人不畏惧。这是君子之道的基本内涵和价值,是君子的终极追求。孔子比较明确地提出了以品格为标志的"君子"概念,确立了以道德理想为目标的理想人格。后来,渐渐地"君子"一词便被引申为所有道德学问修养极高之人的统称。

孔子非常注重君子修养,屡屡对君子提出自己的看法和要求。在君子的形象上,他认为君子必须是礼仪修养高雅的人。"子曰:质胜文则野,文胜质则史。文质彬彬,然后君子。"(《论语·雍也》)意思是,质朴胜过文采,则像一乡野人;文采胜过了质朴,则像宗庙里的祝官。只有文质能协调配合才是一个君子。在生活中面对问题时,孔子说:"君子求诸己,小人求诸人。"(《论语·卫灵公》)依靠自己,不依赖他人,是君子必备的最基本品格。君子在社会交往中坚持个体的独立自主性和正义性,这表现在君子的活动光明磊落,不依附他人。

① 朱晓晖、李海峰:"浅论《论语》君子人格及其当代价值",《改革与开放》,2012年第20期。

在社会交往中,孔子说:"君子周而不比,小人比而不周"(《论语·为政》)。意思是,君子团结而不勾结,小人勾结而不团结。孔子的这项论述说明了"君子能坚持自主,衡以正义,表现君子不受外在关系控制和束缚的意气风发的昂扬人格,是儒家理性精神觉醒与对价值观念的自我选择确认的统一"①。

孔子对君子日常言语行为提出要求:"君子有九思:视思明,听思聪,色思温,貌思恭,言思忠,事思敬,疑思问,忿思难,见得思义。"(《论语·季氏》)作为君子应当做到:看,要想到看明白没有;听,要想到听清楚没有;神态要想到是否温和;容貌要想到是否恭敬;言谈要想到是否诚实;处事要想到是否谨慎;疑难要想到是否要求教;愤怒要想到是否有后患;有所得时要想到是否理所该得。君子九思把人的言行举止的各个方面都考虑到了。要求自己和学生们一言一行都要认真思考和自我反省,包括个人道德修养的各种规范,如温、良、恭、俭、让、忠、孝、仁、义、礼、智等。这成了作为君子关于道德修养最基本的行为要求。

在个人修养和能力方面,孔子提出"君子博学于文"(《论语·雍也》)。通过学习知识来充实自己的头脑,净化自己的心灵,这样才能不背离君子之道。不仅如此,还要做到"君子不器"(《论语·为政》)。君子不能像器具那样,作用仅仅限于某一方面。"孔子这句话的精神与其'君子谋道''君子忧道''朝闻道,夕死可矣'的思想意识高度契合。只要人们把'谋道''忧道''闻道'等话语和'不器'一语联系起来,就会发现:君子人格的养成实践,包含着思考终极真理问题的价值关怀,这是中华先贤'原道'意识的充分体现。"②

孔子还说"君子和而不同"(《论语·子路》)。和,于事物来说是多样性

---

① 王国良:"儒家君子人格的内涵及其现代价值",《武汉科技大学学报(社会科学版)》2015年第2期。

② 韩经太:"君子人格的文化生成",《光明日报》,2017年11月5日。

的统一,而对于人来说,是和于观点与意见,是观点与意见的多样性统一;同,同质事物的绝对同一,即把相同的事物叠加起来。总体意思是:君子在人际交往中能够与他人保持一种和谐友善的关系,但在对具体问题的看法上却不必苟同于对方。"君子矜而不争,群而不党。"(《论语·卫灵公》)意思是:君子庄重而不与别人争执,合群而不结党营私,拉帮结伙。一个真正的君子并不十分注重人际往来中的利益纠葛,但在大是大非面前却勇于坚持立场,并不十分计较人际往来中的是非恩怨,但却能在正视不同意见的基础上求同存异,保持思想的自由和人格的独立。

作为一个君子,最重要的是要讲"义"。子曰:"君子喻于义,小人喻于利。"(《论语·里仁》)意思是,君子明白大义,小人只知道小利。"君子判断是非有一个标准,即'义以为上',见利应该思义,义就是达宜正当的行为。气节是君子独立意志的充分发挥,是个体自由的真正实现,是堂堂正正的君子人格价值的顶峰,天见其明,地见其光。"①孔子又说:"君子义以为质,礼以行之,孙以出之,信以成之,君子哉!"(《论语·卫灵公》)意思是一个君子要将"义"作为他内在的人格操守,要以"礼"来约束、调节自己的外在行为,要以谦逊的方式与人言谈,要以诚信的态度和他人相处。只有做到了这几个方面,才称得上是一个君子。

"子路问君子。子曰:修己以敬。曰:如斯而已乎?曰:修己以安人。曰:如斯而已乎?曰:修己以安百姓。修己以安百姓,尧舜其犹病诸?"(《论语·宪问》)意思是,修养自己来严肃认真地对待工作,修己以安百姓,博施于民。如果把博施于民而能济众看作是"仁"的理想境界,那尧舜还没有达到这种境界。孔子的话是对君子人格理想的社会政治内涵的要求,"博施于民而能济众"的民众福祉之追求,反映了他人本主义的思想。

---

① 王国良:"儒家君子人格的内涵及其现代价值",《武汉科技大学学报(社会科学版)》,2015年第2期。

孔子关于"君子"的道德论述还有许多,有人统计,《论语》中"君子"一词就出现了 107 次。"孔子将'君子'从原来的社会地位属性直接转移到个人修养属性,把家联系到国,也就是说,个人可以通过培养德行而取得高位。因此,君子不可仅仅是独善其身,也必须要有政治责任和济世的决心和理想。"①

后世儒家随着时代的变迁不断对"君子"人格提出要求,使其内涵不断丰富完善。有学者指出:"儒家君子思想在夏商周时期开始启蒙,先秦时期,儒家君子思想初步形成,两汉时期得到丰富发展,在宋明时期进行了义理的新诠释,君子正式成为社会上具有普世性的称谓名词。"②

总之,自孔子始,君子被全面引用到士大夫及读书人的道德品质层面,且被之后的儒家学派不断完善,成为中国人的道德典范,成为鞭策历朝历代知识分子修齐治平的箴言和信条。君子是有才德的人,不论其有无爵位。在中国浩如烟海的史籍里,有很多志士仁人,他们出身不同,但都当得君子之名。君子人格深刻影响着两千多年来中国古代社会的方方面面。多少古人就是抱着这样的信念来完成他们的使命。

现代不少学者对"君子"的内涵作了解读。例如郑承军先生对"君子人格"进行了一番归纳总结:"第一,个人道德和知识的修养,这是道义和榜样所赋予君子文化的重要力量,君子当为世之楷模,要有仁、有知、有勇,要为世人立德、立言、立功。第二,个人修为基础之上对家国天下的关怀,这是一种社会功利价值。第三是形而上的层面,君子要'畏天命',不违反自然和社会规律。"③

浙江大学哲学系教授何善蒙把"忧天下"视为君子忧患意识的最高境界。他说:"立足于天下,实际上是中国古代君子的一种非常崇高的价值立

① 韩经太:"君子人格的文化生成",《光明日报》,2017 年 11 月 5 日。
② 郑承军:"重塑君子人格,安放家国情怀",新华网,2014 年 9 月 29 日。
③ 郑承军:"重塑君子人格,安放家国情怀",新华网,2014 年 9 月 29 日。

场。也就是说,虽然家国一体,虽然人的现实存在形式总是有限制性,但这并不妨碍中国古代读书人的天下关怀,心忧天下就是这种情怀最为直接的表达。"

北京语言大学韩经太认为:原始儒家心目中至高无上的"圣人",其实就是"君子"。孔子所论的"君子"之道和"圣人"之道是一致的。在儒家理论体系里,君子是作为国家支柱和社会的基石而存在,达则兼济天下,退则独善其身。君子从学之始,人不知而不愠,而后自强不息,厚德载物,终于获得立事之基。处世做事,能成为三不朽的人物最好,倘若不行,也可以追求所谓的道,立足于学问,都不失为君子的作风。韩教授认为,君子人格源于孔子"志于道,据于德,依于仁,游于艺"的经典论述,使中华传统文化历史地生成了"依仁游艺"这一经典的艺术生活原则。就人之个体而言,意味着思想信念和情感快意的生动结合;就人之集体,亦即人类社会而言,意味着国家民族意识形态与个人感情生活的和谐共融。"原道"而生成的"原道之道",是中华文化所塑造的"哲思主体"之思想方法的集中体现;"问仁"而生成的"问仁之仁",是中华文化所塑造的"仁政主体"之政治理想的集中体现;"游艺"而生成的"游艺之艺",是中华文化所塑造的"审美主体"之文艺精神的集中体现。三者之间的关联方式,也正是君子人格的生成秘密所在。[①]

从历史演进上看,家国情怀一直与君子人格相生相伴,成为中国传统社会毫无疑义的道德制高点。家国、君子一直都与王权统治、社会治理有关。为君子者应以政治为媒介将其美德播于四海以"化成天下"。

安徽省君子文化研究会会长钱念孙考察了家国情怀的萌生与君子人格确立的渊源,发现这两者实际是一个事物的两个方面。他认为:"家国情怀作为一种思想情感的价值取向,必然有其承载、实行和张扬的主体。尽管各类不同人群都可能或多或少地与家国情怀联系,但总体看来,早期家国情怀

---

① 参见韩经太:"君子人格的文化生成",《光明日报》,2017年11月5日。

更多地体现和彰显在先秦时期君子身上。""家国情怀在古老中国的精神原野上破土而出及抽穗灌浆之时,正是先秦君子那遥远的身影走出地平线而逐步迈向历史舞台中央之际。"①

"君子人格"几乎是伴随"家国情怀"的萌芽而产生的。君子做人首先就是要知道怎么样爱国,怎样保持做人要有气节、要有人格。上海交通大学中华君子文化研究中心执行主任余治平在 2019 年 8 月 25 日"第五届君子文化论坛"上发言说:"在君子身上,可以克服忠孝两难的道德悖论,这也从侧面彰显出家国情怀之于君子的重要性,尽忠的人,在家、在邦都是有德行的人,都是君子,他的行为举止都能够自然而然符合道德规范和伦理要求。"

中华民族历来注重道德精神,逐渐形成追求仁义礼智信的价值诉求,而君子文化是其集中体现。"当下,人们呼唤家国情怀,呼唤君子人格,可以说是对当今社会缺失信念梦想和道义担当的一种自然而然的反映。人们重新呼唤谦谦君子,呼唤在外能挡千军万马,在内能孝亲持家的真性情男儿,呼唤诚实守信、仁心宅厚、忠孝节义、仁者不忧,勇者不惧的情怀和人格的回归。"②"只有将内化与外化相结合,才能使君子人格真正成为当代人的优秀人格品质。君子是一个时代的符号和印记,能够引导价值取向,加强人民群众对社会主义核心价值观的理解与践行。"③

君子文化是我国伦理道德所涉及的基本要素和民族精神的基本表现,是中华民族特有的精神标识,有着永恒的历史价值和时代价值。重塑以孔子为标志的"君子"人格典范,凸现其"躬行"的现实属性和实践特征,既是中华传统文化价值阐释的题内应有之义,也是建设现代道德文明的时代课题。

---

① 刘江伟、王国平:"弘扬君子文化 传承家国情怀,第五届君子文化论坛侧记",《光明日报》,2019 年 8 月 30 日。

② 郑承军:"重塑君子人格,安放家国情怀",新华网,2014 年 9 月 29 日。

③ 安徽大学马克思主义学院教授丁成际在 2019 年 8 月 25 日"第五届君子文化论坛"上的发言。

第二节　家国情怀、君子人格的当代价值和意义

一、君子人格的当代意义

从源头上讲,注重家国情怀的中国传统文化孕育、孵化和生成了中国的君子文化,并使君子人格成为人们追求和向往的理想人格。

梁启超先生当年在清华讲演时指出,西人所谓有人格者,即我国所谓君子,我国古代的人格教育就是"君子"教育。清华大学人文学院历史系教授彭林说:"中国文化是以'人'作为本位展开的,人的灵魂需要自己通过道德来'管理'。中国文化的基本命题是立德树人,即如何通过教育、践行而造就人格完善的'君子'。"

千百年来,传统儒家把"仁、义、礼、智"等四端作为人格标准来提倡,仁是博爱之心,义是羞耻之心,礼是恭敬之心,知是是非之心,缺少其中任何一项,都"谓之非人"。"四端"是人之所以为人的品格、境界与行为方式,足以影响人的一生。只有"四端"健全,才有可能成为完人,也就是君子人格了。北京语言大学郑承军教授认为:"个人道德和知识的修养,这是道义和榜样所赋予君子文化的重要力量,君子当为世之楷模,要有仁、有知、有勇,要为世人立德、立言、立功。个人修为基础之上对家国天下的关怀是一种社会功利价值。"

中国的儒者最富天下情怀,"天下为公"的大同社会的理想鼓舞了一代又一代的志士仁人前赴后继地为之奋斗。一位具有深沉家国情怀的人也一定具有君子人格,反之亦然。"君子人格"的好学善思、仁爱明智、重义守信、自强不息、豁达宽正、心怀天下等品质,也正是当代社会的"人格理想",它对当前社会主义市场经济体制的完善、现代社会公民健康人格的养成、和谐社会的构建具有重要的现实意义。

从关注道德衰微的生活现实出发，确认中华传统文化的主导倾向是道德主义，而这一集中体现中华民族实践理性精神的道德主义，应树立人格理想以引导世道人心。而君子人格的精神追求正是涵养社会道德的有效形式。在以古代"君子人格"为典范的基础上，开新当代社会应有的时代先锋模范人物的行为规范，就是当代君子人格。

古往今来，每个国家的兴盛和每个民族的发展都需要某种国家情怀和民众人格的支撑和驱动。国家情怀规定和滋养了民众人格，民众人格又构成和丰富了国家情怀。中华民族一直把国家看成自己家一样的爱国情怀，生成这种家国情怀的民众人格就是君子人格。家国情怀一直与君子人格相生相伴，备受中国传统社会道德的尊崇。

君子人格的面貌仪表必须严整。它要求是"文质彬彬"，这可以形成当代恰当的礼仪行为，建立和谐的人际关系。一位"君子"首先呈现给人的是社交场合的礼仪容貌，在待人接物时必须要重视仪容的修饰，但也并不是徒有其表、光鲜亮丽，而是"文质彬彬，然后君子"。孔子批评"巧言令色"之人没有良好品质。

君子人格必须恭敬有礼。"君子敬而无失，与人恭而有礼，四海之内皆兄弟也"（《论语·颜渊》）。"礼"是处理好人与人关系的关键一环，但必须有内在的"敬"与"恭"。只有恭敬有礼，礼仪有度，才会受到他人的欢迎与喜爱，建立与人亲如兄弟的感情。子曰："不知礼，无以立也"（《论语·尧曰》）。礼是维护社会有序运行的必备要件，为政治国、稳定社会、待人处事、个人修身等都要知礼懂礼、循礼而行。因此，在当今社会生活中，应当做到依礼行事、守礼遵法，营造诚信友善的人际关系，促进社会和谐有序地运行，推动社会的进步发展。

君子人格必须是沉雅自然的。儒家经典之一《礼记·玉藻》中概括的"九容"，即"言行举止的九种规则"，包括足、手、目、头、气、立、色、坐、口、声等仪容与言语要求。具体地说，就是要求做到沉雅自然、容止可观、沉稳而不浮躁、优雅而不俗套、自然而不雕琢;语言上要与身份场合相一致:言而有信,言当是非,鄙弃巧言谗言诌言淫言,说话要注意自己的身份,要有语言艺术。儒家文化中丰富的礼仪思想可以指导现代人走向文明而富有教养的人生。

君子人格必须坚持"君子博学于文"(《论语·雍也》)。通过学习知识来充实自己,净化心灵,这样才能不背离君子之道,有助于个人修身,有助于好学善思,坚守信念。

君子人格必须坚持仁义之道。"君子去仁,恶乎成名? 君子无终食之间违仁,造次必于是,颠沛必于是"(《论语·里仁》)。"仁义"之道是君子安身立命的基础,无论是富贵还是贫贱,无论是在仓促之间还是颠沛流离之时,都不能违背这个原则,也就是要坚守信念。这正是我们今天在各项事业中所需要的精神。

君子人格必须具有自强的观念。"儒家君子的自强观念是中国文明史上首次出现的个体新精神,具有伟大的哲学革命的意义。在中国历史发展中始终起着积极的作用,有助于我们确立道路自信,制度自信,理论自信,文化自信。"①

君子人格必须心怀天下。君子人格崇尚的信念是"为天地立心、为生民立命、为往圣继绝学、为万世开太平",这也是君子人格的理想追求。它展示了一种心怀天下、勇于承担时代重任的品格。在中华民族的历史长河中,无数仁人志士,为了实现民族进步和国家富强,笃守善道,执德弘毅,鞠躬尽瘁。特别是在民族生存的危难时刻,能够挺身而出,义无反顾,杀身成仁,舍生取义。"君子文化所崇尚的关心天下兴亡、承担时代重任的担当精神和家国情怀,在培育和践行社会主义核心价值观中,对于'富强、民主、文明、和

---

① 王国良:"儒家君子人格的内涵及其现代价值",《武汉科技大学学报》(社会科学版),2015年第 4 期。

谐'国家层面的价值观实现,依然具有极为重要的引导作用。"①

　　君子人格必须重义守信。重义守信是君子的重要特征,可以塑造当代健康而高尚的人格。"君子之于天下也,无适也,无莫也,义之于比"(《论语·里仁》)。就是说,君子对于天下人,无专主之亲,无特定之疏,惟以道义是从。"行义"是君子的本质,"君子义以为上,君子有勇而无义为乱,小人有勇而无义为盗"(《论语·阳货》)。尤当义利不能两全时,君子应舍利而取义。一个有德行的人不会因为私欲而伤害本性,不会因为私利而损害道义。就当代社会迫切要求消解道德危机而论,君子人格所体现的道德为尚、功利为轻的精神,对于今人过度地崇尚功利价值是很好的一剂良药。"我们当代人,既生活在这么一个功利的时代,其人格塑造势必充斥着功利诉求,从而把自己造就为唯利是图的经济人,以异化的方式,背离了人的本质存在。欲克服这种危机,求得合乎人之本质的合理的自身发展,塑造健康而高尚的人格,就必须从孔孟君子人格寻求榜样,在人格塑造上就能纠正过度的功利执着,回归合乎人之本质存在的道德诉求。"②

　　君子人格必须学以致用。君子人格讲求学以致用,知行合一,也就是将道德完善落实到具体的行为过程中。人的自我价值的实现,并非人生的终极目标,随之而来的任务,是扩而充之,让自我价值与社会进步紧密相连,勇于为天下担当,实现人生价值的最大化。这就需要把自己的聪明才智、人生价值和祖国的建设事业联结在一起,把自己的小我融入祖国的大我之中,投身到实现民族富强、建设和谐社会的现实中去。用辛勤的劳动践行敬业美德,"将个人的道德完善与责任义务的完成以及个人价值实现与社会和谐进步融在一起,这不仅塑造了中华民族所推崇的理想人格,也推进了中华民族优秀精神的形成,在培育和践行社会主义核心价值观中,对于'自由、平等、

---

①　张述存:"君子文化的当代价值",《光明日报》,2017 年 1 月 16 日。
②　王宏亮:"儒家君子人格的现代意义",《山西广播电视大学学报》,2007 年第 4 期。

公正、法治'社会层面价值观实现,具有切实有效的促进作用"①。

君子人格还必须具有仁爱正义、与人为善、扶危济困的精神,对于当代奉献社会、助人为乐、尊老爱幼、邻里团结等社会公德、家庭道德和个人道德的建设,对于良好有序的社会风尚的形成具有直接有力的实践作用。

"君子作为一种现实之人格榜样的符号,全面揭示了君子人格当然具备的道德品格与应然奉行的道德准则。君子人格为我们今天进行公民道德建设与构建和谐社会提供了丰厚内涵,是塑造当今理想人格的现实榜样。发扬君子人格所体现的道德为尚、功利为轻的精神,重在以道德实践体现人生的根本意义,这对我们当代人确立人生意义、存在意义有很大帮助。"②

王国良教授把君子人格看作塑造当代人格的重要精神资源。他说:"儒家君子的独立意志、内省修身、立己立人、和而不同、朋友有信等价值观有助于和谐、自由、平等、诚信、友善的核心价值观的培育。身正忠信、以民为本,无疑有助于爱国敬业精神的践行。儒家君子选贤任能的政治取向,有助于中国特色的民主制度的建设。"③

君子人格是深植于中华民族内心的道德信念,在人们的日常道德生活中发挥着重要作用。没有对中华民族传统美德的继承,公民道德建设就会成为无根之萍,无本之木。君子品行已经构成中国文化基本价值观,对当代培育和弘扬社会主义核心价值观具有重要意义。我国《公民道德建设实施纲要》提出的爱国守法、明礼诚信、团结友善、勤俭自强、敬业奉献等规范,以及社会主义核心价值观中爱国、敬业、诚信、友善的内容,无不蕴含在君子人格之中。正是君子人格中的道德智慧与和善理念的传统美德,使中华民族在长期发展的历史进程中,衍生出相应的美德价值观和民族精神。如天下

---

① 张述存:"君子文化的当代价值",《光明日报》,2017 年 1 月 16 日。
② 朱晓晖、李海峰:"浅议《论语》君子人格及其当代价值",《改革与开放》,2012 年第 20 期。
③ 王国良:"儒家君子人格的内涵及其现代价值",《武汉科技大学学报》(社会科学版),2015 年第 4 期。

兴亡、匹夫有责的社会责任感,位卑未敢忘国忧的爱国情结,己所不欲、勿施于人的律己信条,礼尚往来的人际准则,人无信则不立的诚信品格,爱好和平的德性等等。

在当前社会现实中,确实存在着某些价值观不确定、善恶不辨、荣辱错位的现象。以君子人格为主要内容的中华民族传统美德,为我们构建和谐社会,尤其是社会主义荣辱观建设提供了一个可资借鉴的宝贵道德资源。在多元文化并行,功利主义大行其道,一些人信仰迷失、行为失范的当代,儒家所追求的君子理想为我们树立了精神信仰的坐标,也指点了人格修养的明确途径。

君子品行在中国传承几千年,为广大人民所接受,已经成为人民辨是非、论善恶的基本依据,是人民判断品德高下的基本标准。当然,当代人格的塑造也不能千篇一律,不同层级的人有不同的要求,不能把领导干部、公务员与市井民众用同一标准来要求。再者,现实的理想人格与可能的理想人格也得分清楚。在这方面,孔孟就把理想人格分为诸如仁人、贤者、君子、圣人。仁人、贤者、君子则属于现实的理想人格,普通人通过切实的努力可以做到。圣人,是一种理想人格目标,是可能的理想人格,其意义在于朝向它的不懈努力的精神张扬,而最终未必真的能成就该理想人格。我们从中汲取精神营养,切实学着君子榜样去做人。

作为中华民族的优秀文化遗产,君子文化彰扬了中华优秀传统文化培育塑造的理想人格,展示了中华传统文化所崇尚的优秀道德。"它倡导的人生价值,是以关爱社会、推进文明为其理想追求;它倡导的人生态度,是以遵德守法作为自身行为的取舍标准;它倡导的行为方式,是将自身道德完善与社会责任义务实现紧密结合在一起。君子文化是涵养社会主义核心价值观的重要源泉,在培育和践行社会主义核心价值观中具有重要作用。"[1]

---

① 张践:"儒家孝道观的形成与演变",《中国哲学史》,2000 年第 3 期。

倡导君子人格,使社会大众当中的一部分人逐渐趋近君子人格,以改善当前社会生态中的弊端。让仁者爱人、义者正我成为引领时代的正能量,成为道德的践行者。社会主义核心价值观的落实就有赖于社会当中每一个君子人格式人物之身体力行,让当代君子人格成为公众的自觉信仰。

君子文化的当代传承还需要全球眼光。黄柏青院长说:"在世界文明交流互鉴日益密切的今天,君子文化中的'修齐治平'与当今世界有着积极的对接点与融合面,尤其是对提振世界文明交流互鉴的互信感,具有春风化雨、润物无声的作用。"

近30年来,我们党和国家一直在倡导,深入挖掘中华优秀传统文化蕴含的思想观念、人文精神、道德规范,结合时代要求继承创新,让中华文化展现出永久魅力和时代风采。君子文化是中华优秀传统文化的重要组成部分,代表知识分子的深层精神追求,是涵养社会道德的有效形式。弘扬君子人格是新时代培育和践行社会主义核心价值观的重要抓手。站在中华优秀传统文化传承发展的文化自信基础上,从关注道德衰微的生活现实出发,应当确认中华传统文化的主导倾向是道德主义,而这一集中体现中华民族实践理性精神的道德主义,应树立人格理想以引导世道人心。

君子文化蕴含在儒家经典之中。中国儒家文化所创作的《孝经》《大学》《中庸》《论语》《孟子》等是中华民族价值观体系与生活样式的载体,是千百年来举国认同的经典。梁启超说:"《论语》为二千年来国人思想之总源泉,《孟子》自宋以后势力亦与相埒,此二书可谓国人内的外的生活之支配者。"严复晚年说:"儒家群经是中国性命根本之书。我辈生为中国人民,不可荒经蔑古。""夫读经固非为人之事,其于孔子,更无加损,乃因吾人教育国民不如是,将无人格;转而他求,则亡国性。无人格谓之非人,无国性谓之非中国人,故曰经书不可不读也。"①严复将经典学习与人格养成、国性养成看成是一体的事情。

因此,今天的民众还是应当多读读传统经典著作,努力提高文化立国的理论思维,提高公民的文化自觉,突出中华的文化主体性。在深入探讨与实践的基础上,以此解决中国道德失范、社会失序的问题。我们应当开新君子人格的现代意义,重建人格标准与道德伦理规范,完善为人处世的原则和社会公德,这对于整体提升中国文化的软实力与全民素质无疑具有战略意义。

站在新的历史方位上,面对前所未有的广泛而深刻的社会变革,让以君子人格为主干的君子文化,包括对家庭和国家认同与热爱的家国情怀,在新时代中国特色社会主义事业的建设中发挥更大的作用,谱写出新的历史华章。

二、家国情怀的当代价值和意义

(一)有助于社会和谐稳定,建立对家国和人民的深情大爱

以古人之智慧,开今日之生面。作为于中华历史文明深处的家国情怀文化,应该实现创造性转化与创新性发展,为中华民族伟大复兴的历史伟业提供精神伟力。一种体现社会进步、具有时代精神的家国情怀对于实现民族伟大复兴是十分重要的。新时代家国情怀是对自我人格的认同与人生价值的追求,是对国家、人民的热爱与民族文化的自信,是对民族伟大复兴的自觉担当。

对个体来说,家国情怀的培养最初启蒙在于家庭,而家庭的启蒙在于忠孝伦理道德。忠孝是提高当代人道德伦理素质的起点。尽管近代以来,传统孝道受到了西方文化的强烈冲击,发生了很大变化,但传统孝道仍然得到

---

① 转引自彭林:"'国学'与'国性'——回归本位文化,树国民之国性,立国家之魂",《北京日报》,2016 年 11 月 9 日。

了全世界华人的认同。不论时代如何改变和进步，孝，或被褒被贬，作为根源于人类血缘关系的天然伦理都始终在发挥着作用。虽然它的具体内容、实现形式以及侧重点会随着时代的变迁而变化，但作为伦理道德准则却依然存在着。

"夫孝，德之本也，教之所由生也"（《孝经·开宗明义》）。意为，孝是一切德行的根本，所有的道德教化就是由孝产生的。因此，孝的培养和实践是提高当代人道德伦理素质的起点。子女生下来后最先接触的人是父母，最先从父母那里得到人间的爱。由亲亲启蒙，是人情陶冶、道德升华最基本的手段，也是最有效的途径。

我们致力于和谐社会建设，不能只注重人们的社会角色和社会道德，而应同时重视家庭私德，形成社会责任感，从而也为建设有中国特色的社会主义市场经济提供最基本的道德支撑。习近平总书记强调："中华民族历来重视家庭，正所谓'天下之本在家'。尊老爱幼、妻贤夫安，母慈子孝、兄友弟恭，勤俭持家，知书达礼、遵纪守法，家和万事兴等中华民族传统家庭美德，始终铭记在中国人的心灵中，融入中国人的血脉里，是支撑中华民族生生不息、薪火相传的重要精神力量，是家庭文明建设的宝贵精神财富。"

儒家的孝道，反映了人类世代繁衍过程中家庭"抚幼养老"的自然属性。人类在漫长的进化过程中，形成了非常特性化的生命属性，即个体在其幼年时期和晚年时期，都是十分脆弱的，需要呵护。人类的这种反哺行为也存在其他生灵中。知恩报恩作为生命历程中不同阶级的互补性，也就成了孝道伦理最为深刻的天然依据。

儒家经典《诗经》中保留了许多感念父母抚育之恩的诗篇。"父兮生我，母兮掬我，抚我畜我，长我育我，出入腹我，欲报之德，昊天罔极。"（《小雅·蓼莪》）"这里'报'的概念，可以说是人类个体生命自我保护的伦理表现，只有通过这种代际之间的反哺、报恩，人类的种群才能够继续繁演。从这种意义上讲,孝道是可以与人类共始终的。"①

　　张践教授对家庭亲情的重要性和不可取代性做了具体的分析:"在现代公民社会里,家庭仍然发挥着抚幼养老的社会职能。儒家的孝道观复归其本来意义,仍然是一种宝贵的文化资源。儒家的孝道反映了人类家庭在满足人们精神生活需要方面的作用。在现代公民社会里,家庭形式逐渐发生了变化,以父子关系为基轴的链式家庭,已经让位给了以夫妻关系为基轴的核心家庭。社会化的大生产,已经使'抚幼养老'的许多工作可以转移到社会的方面。但是,幼儿园再完善的生活、教育设备,也代替不了父爱和母爱,自幼缺乏家庭温暖的孩子将会在一生中留下不可弥补的性格缺陷。同样,老年人可以通过养老金、社会保险解决生活的经济需求,通过雇保姆、进养老院解决送终的问题。但是,这些方法都不能解决老年人晚年的孤独和凄凉。唯一化解的方法是通过子女经常的探望和交流,以亲情来抚慰父母的心灵。"②

　　如此看来,家国情怀的道德塑造首先立足于"家",更离不开"家"。"家庭是社会的基本细胞,是人生的第一所学校。不论时代发生多大变化,不论生活格局发生多大变化,我们都要重视家庭建设"。家是最基本的情感纽带,子女之孝,亲友之情,天伦之乐,是任何时候,任何法律或行政行为所不能替代的。

　　现代社会结构虽然与古代已经发生了很大的变化,但人皆出于父母怀袘这一点是不变的。一个连自己的父母都不敬爱的人,很难相信他会爱祖国、爱人民。敬老孝亲关乎每个家庭的安定、祥和与幸福。在建设有中国特色社会主义的当代,光大敬老孝亲美德,建立起社会主义精神文明,依然是神圣的责任。

---

① 张述存:"君子文化的当代价值",《光明日报》,2017 年 1 月 16 日。
② 张践:"儒家孝道观的形成与演变",《中国哲学史》,2000 年第 3 期。

我们应弘扬传统孝道，强化纽带和责任意识。"人伦情感因血缘而来，在情感依托的层面上，家的意义超越任何经济的成本。现代社会主张的公共精神与家庭伦理的建设并不矛盾。在现代化生产和协作上依照公共理性、法制精神；在家庭与私人领域，弘扬孝悌之道，忠恕相待，爱敬相与。这要求对家庭伦理和孝道进行理性的阐发和合理的引导，使得家庭伦理与公共理性彼此呼应。"①如此，可以维持社会的稳定，助力于经济建设。

只要人类还以家庭的形式繁衍生息，儒家的孝道伦理就不会完全过时。以孝道为基点的家国情怀就能够协调家庭关系，维护社会稳定，能够培养对家庭、社会和国家的深情大爱。国家富强，民族复兴，最终要体现在千千万万个家庭都幸福美满上，体现在亿万人民生活不断改善上。千家万户都好，国家才能好，民族才能好。弘扬以孝道为主要内容的中华民族传统美德，对于进一步深化公民道德建设，构筑民族精神家园，具有重要的现实意义。

（二）有利于增强家国同构的天下意识和爱国主义的使命感

家国情怀作为个人对家庭和国家共同体的认同与热爱，是爱国主义精神产生的伦理基础和情感状态。孟子曾说："老吾老，以及人之老，幼吾幼，以及人之幼。"（《孟子·梁惠王上》）尊敬自己的长辈，从而推广到尊敬别人的长辈；爱护自己的儿女，从而推广到爱护别人的儿女。把对父母兄弟的亲情之爱推广为对社会大众的博爱，对每一位老人和儿童都像自己的亲人一样。儒家通过对个体仁爱意识的培养，使其将对父母兄长的敬爱之情，扩展为对全社会的大爱。"儒学的最大特征是有诸己而后求诸人，倡导一种自主自强之德、返本之德、创化之德、求同存异之德、包容之德、信任之德。"②

《孝经·广扬名》云："君子之事亲孝，故忠可移于君。"也就是说移孝为忠，忠孝一体，这是古老的中华民族向来提倡的光耀千秋的传统美德。人们

① 成中英："着力建构新的世界化儒学"，《人民日报》，2016年9月11日。
② 金香花："'家国天下'观念的历史形成及其现代意义"，《光明日报》，2019年10月28日。

基于血亲一体的同一性认知所形成的孝观念,对于家庭家族稳定和谐有重要作用。儒者又基于社会性的内在本质规定性,把孝延伸到社会政治领域。"既然人在家庭、家族中为孝,那么忠作为孝在社会政治领域的延伸,为忠也是尽家庭、家族之孝的义务。尽忠不仅是尽家庭、家族的孝义务,还是为国、为君的孝义务,不忠就不是完整意义上的孝。孝是忠的初级阶段,忠是孝的必然归宿。所以'孝弟也者,其为人之本与',就是说孝和忠是统一的,孝于家族就是忠于国家。"①儒家文化体系中的"家国天下""忠孝一体"意识是个体到共同体、由家到国的精神基石,积淀了中华儿女赓续不易的家国情怀。

家庭的前途命运同国家和民族的前途命运紧密相连,特别是近代以来尤其如此。中国人重视家,忠于国,家国情怀自古便深深扎根在每一个国人的内心深处。中华民族自古以来就重视家庭、重视亲情,而把爱国作为做人最大的事情。季羡林认为,存在决定意识,必须有一个促成爱国主义的环境,我们才能有根深蒂固的爱国主义。他说,在几千年的历史中,我们始终没有断过敌人,中华民族可以说是一个苦难深重的民族,中国可以说是一个饱经沧桑的国家,正是这苦难和沧桑塑造了中国人深厚的爱国主义情感。

忠孝思想在我国一度曾经受到了否定和批判。一提到忠孝,现在也许有人立刻就会跟传统意义上的忠臣孝子和愚忠愚孝联系在一起,认为它是封建的东西。如果在现实社会伦理中,没有了忠孝,还能有什么做人的准则?忠孝永远是国人情感和理智上的认同,永远是维护民族共同体和报效国家的社会责任。一代代文人士子怀揣"修身齐家治国平天下"的道德理想,遵奉"先天下之忧而忧,后天下之乐而乐"的政治操守,秉持"为天地立心、为生民立命、为往圣继绝学、为万世开太平"的人生志向,以家庭为根基,以天下为己任,竭诚担当,勤笃作为,谦恭自律,严谨持家的君子人格和善举,书写着绵长醇厚、历久弥新的家国情怀。

---

① 邹厚亏:"对儒家忠孝思想中庸智慧和功用价值的探析",《文教资料》,2017 年第 7 期。

中国古代的爱国与忠君既有差别又有联系。忠君有时指忠于一姓之家,有时指忠于国家,但本质上还是指忠于国家。"君主"是什么？说到底他只是个符号或者标识,设若没有国,又哪来的"君主"？因而忠君其实更多地是指爱国——国家民族,忠于人民,也就是爱国主义。伟大的爱国主义精神塑造了中华民族的崇高品格,培育了无数的中华民族英雄。爱国主义是中华民族的民族心、民族魂,是中华民族最重要的精神财富,是中国人民维护民族独立和民族尊严的强大精神动力。爱国主义精神深深植根于中华儿女心中,维系着中华大地上各个民族的团结统一,激励着一代又一代中华儿女为祖国发展繁荣而自强不息、不懈奋斗。

国是维护家的外部屏障。虽然忠孝的价值具有合一性,但忠孝因各自具体的价值取向而产生矛盾。在国家遭遇危难之时,选择以孝作忠,尽忠报国,这才是真正意义上对于家庭、家族孝的兑现,是为"大孝",大孝行为是家国天下的体现。

家国情怀是现代中国政治伦理的重要标志。它既连接传统的修齐治平,也连接社会、民族国家,它的积极的入世精神,将个人发展的诉求与社会进步的诉求结合在一起。基于这一道德自觉,社会成员才具有了责任担当、价值共识,就会从巨大的责任感中得到强烈的使命感。中华儿女应时时想到国家,处处想到人民,把自己的理想同祖国的前途、把自己的人生同民族的命运紧密联系在一起。

家国情怀是国家持续发展的根基和血脉,也是民族繁荣复兴的支柱和灵魂。它集中表现为民族自尊心和自信心,为保卫祖国和争取祖国的独立富强而献身的奋斗精神,是一面具有强大号召力的旗帜。家国情怀以其生生不息的活力、和合共生的包容心,不仅能为个体生命提供精神关怀,而且有助于维系各民族的和睦共存,为中华民族的伟大复兴提供积极的精神动力。

弘扬以家国忠孝情怀为主要内容的中华民族传统美德是历史的必然要

求。公民道德建设的一个重要原则就是要求道德建设与社会主义市场经济相适应、社会主义法律体系相协调、思想政治工作研究与人类道德发展趋势相一致。因此，我们应当创新于传统，对祖国悠久历史、深厚文化的理解和接受，是爱国主义情感培育和发展的重要条件。

"在中华传统文化的大观园中，诸子百家熠熠生辉，儒道释和谐共生，修身齐家治国平天下浑然一体。可以毫不夸张地说，优秀传统文化在思想上有大智，在科学上有大真，在伦理上有大善，在艺术上有大美。"[①]党的十八大以来，我们恢复和重建了对中华优秀传统文化的自信。2013 年 8 月 19 日，习近平总书记在全国宣传思想工作会议上的重要讲话中强调弘扬传统文化，提出"四个讲清楚"：讲清楚每个国家和民族的历史传统、文化积淀；讲清楚中华文化积淀着中华民族最深沉的精神追求；讲清楚中华优秀传统文化是中华民族的突出优势；讲清楚中国特色社会主义植根于中华文化沃土。[②]这就表明了中国特色社会主义的理论和制度植根于中华文化之中，中国道路、中国方案、中国文化、中国思想、中国学术等一切带有中国标签、中国印记的事物，都具有了无比广阔的发展前景。

我们要坚定中国特色社会主义道路自信、理论自信、制度自信，说到底是要坚定文化自信，在新时代治国理政实践中对传承发展中华优秀传统文化保持高度重视。加强社会公德、职业道德、家庭美德、个人品德建设，培育文明风尚。社会道德体系的建设，必须基于中华民族的传统观念，要大胆继承发展忠孝文化。中华优秀传统文化的传承发展，将为实现中华民族伟大复兴的中国梦提供强大支撑。

总之，儒家的家国情怀形成了中华民族温和谦恭、彬彬有礼、刚毅进取、自强不息、无私奉献的君子人格和民族精神；吃苦耐劳、勤俭善良、恪守信

---

① 顾春："忠孝——明清社会的核心价值观"，《地方文化研究》，2014 年第 2 期。

② 参见习近平："习近平谈文化自信"，人民网，cpc. people. com. cn/GB/http:/cpc. people. com. cn/n1/2016/0713/c64094 - 28548844. html。

义、乐观向上的优良品质;胸怀天下兴亡、不计个人得失和追求统一的思想观念;爱好和平、扶正扬善、富贵不淫、贫贱不移、威武不屈的民族性格。这些中华民族的精神和美德穿过岁月的风尘,从过去走入现在,也必将从现在走向未来。

(三)有助于形成对家乡、祖国的高度认同感和归属感,增强民族凝聚力

家国情怀是我们民族的精神支柱和精神纽带,对于增强祖国认同感、维护中华民族的团结和凝聚民族力量具有重要意义。

中国人视报效祖国如同追孝先祖,是人世间最大的孝义,最隆重的德行。"一个民族的生存、繁衍和发展的潜在根系都是以血统为脉络,各宗各支各派各群人之间贯通人性人情的潜动力是孝意识;一个民族的今人和古人、领袖和民众、此处人与彼处人、本土人与侨外人之间,贯穿通达思想文化的潜动力仍是孝意识,这种孝意识正是中华民族精神和凝聚力的核心。这种孝意识的现实运用就是爱国主义精神的体现:希望祖国强大繁荣、渴望祖国统一完整。"①

华夏文明主要的发源地中原地区,形成了特殊的近乎封闭的农耕社会和农耕文明。中国人在土地上演化成了高度的情感与知觉的认同,延续着对乡土礼俗的深情。"爱恋乡土,进而爱恋祖国是人类共同的情怀。因为故乡是人自身的确证,是人认识世界最重要的起始。""农业发展形成了根深蒂固的'重本抑末'的治世方规,将一代又一代的中国人牢牢地套在了土地上。对世俗礼仪的沿遵,对人伦和仁孝礼义的遵奉,对顺天乐俗的生活的崇尚等等,中国人的乡土情怀,正是基于这种文化传统产生的。"②正因为中国人的乡土意识与情怀,才有类似"物离乡贵,人离乡贱""宁恋本乡一捻土,莫爱他乡万两金"等谚语出现,才产生了家国情怀。

---

① 葛晨虹:"新时期弘扬仁义礼智信传统美德的意义",《思想政治工作研究》,2007 年第 6 期。
② 汪涌豪:"中国文化的乡土意识与情怀"(2009 年 10 月在德国法兰克福大学孔子学院的讲演),《文汇报》,2010 年 4 月 18 日。

　　屈原在他的代表作《哀郢》中,把他在流放途中对国事的忧虑和对家乡的思念熔铸在一起:"鸟飞反故乡兮,狐死必首丘。"意思是说,鸟儿飞出去以后,仍然要回到它生长和栖息的老家;狐狸死在洞外的时候,它的头还要遥对着它所住的山丘。庄子云:"旧国旧都,望之畅然。虽使丘陵草木之缗,人之者十九,犹之畅然。"(《庄子·则阳》)意思是说,久旅而归,见到旧国旧都,纵然人物已变,十失其九,只要有一分相似处还是畅然有感。

　　汉朝的苏武被匈奴扣押20多年,仍然不忘故国,思念家乡,手持汉节,身着汉服。唐代诗人王维的"君自故乡来,应知故乡事,来日绮窗前,寒梅着花未?"杜甫的"一去紫台连朔漠,独留青冢向黄昏"。南宋文天祥的"臣心一片磁针石,不指南方不肯休"。明代诗人李攀龙的"曲罢不知青海月,徘徊犹作汉宫看"。清朝处在沙俄统治和压迫下的厄鲁特蒙古四部之一,生活在伏尔加流域的土尔邑特部族的首领渥巴锡率部发动武装起义,并冲破沙俄重重截阻,历经千辛万苦返回故土。这都表现了中国人对家乡、对祖国的一片忠心,这就是乡土情怀和家国情怀。

　　人生旅途崎岖修远,但每个人对故乡都有一种特别的感情,这是无法挥去的血脉乡情。这种乡土情怀的情感表达就是"安土重迁"。《汉书·元帝纪》云:"诏曰:安土重迁,黎民之性。骨肉相附,人情所愿也。"重,舍不得,即留恋故乡,不愿轻易迁居异地。安土重迁是中华民族的传统,是我们祖先根深蒂固的观念。他们以为一切有生之伦都有返本归元的倾向。鸟恋旧林,鱼思故渊,树高千丈,落叶归根。家国情怀是每个炎黄子孙对华夏命运共同体的一种认同和宗奉,是全体社会成员对民族大家庭的一种坚守,即使国家民族身处苦难险境也矢志不渝的精神基因。

　　家人、乡土和母国是中国人的情感支柱,也是中国人的心灵寄托。家国情怀、乡土观念和亲情观念早已化成深深的情结,植根于炎黄子孙的骨髓之中。人们常言,天下华人皆同胞,血缘亲情深似海。近代以来,一代又一代的许多炎黄子孙浮海远游,因各自不同的背景而漂泊流落于世界各地。华侨含辛茹苦,寄籍他乡,生儿育女,却世代翘首神州,不忘桑梓之情,祖国永远是他们的精神家园。这种感情不管历经多么悠长的时间都不会褪色,这就是永远的家国情怀。当祖国人民需要的时候,华侨都作了慷慨的奉献。他们最刻骨铭心的就是最终要叶落归根。死在异国他乡就成了"孤魂野鬼"。即使未能归乡,也还以为阴间有个望乡台,可让死者的幽灵在月明之夜,登台望一望阳世的故土和亲人——这就是一个民族的向心力。

家国忠孝情怀的根基是忠孝伦理道德。以忠孝为基石的道德伦理融入中国人生活里。忠孝家国情怀是精神纽带,会产生民族文化的认同感和归属感,增强民族凝聚力和向心力。"以'忠孝'为主要内容的中华民族传统美德就是我们中华民族栖息自我的精神家园,是我们民族安身立命、获得精神支柱的价值追求所在。弘扬家国情怀传统美德是新时代向我们提出的现实要求。"①

自秦之后的两千多年里,统一和分裂的时间大体是七比一。"中华民族之所以始终以统一为大势,忠孝核心价值观是立了大功的,而且随着忠孝的不断深入人心,越到后期所发挥的作用就越大,宋代以后,我国就再也没有出现过长时间的分裂。"②家国情怀既是民族文化中的核心内容和精华部分,又是民族历史过程的一种浓缩。它生于民族历史发展的长河之中,积淀着广大民众的共同利益和价值取向,又在长期的民族共同生活中影响、浸润、塑造着共同的价值信念和生活方式。它收聚人心,传达共识,汇聚民族信念和共同价值理念。

然而在改革开放以后,经济利益复杂变动,多种社会思潮冲突激荡,西方一些观念的浸染,令一些中国人的家庭责任感、国家认同感发生了变化。一些人在不同程度上对祖国、对人民的感情淡漠了,滋生了功利主义、拜金主义、享乐主义、极端个人主义和历史虚无主义。有些人出国了,不愿再回

---

①② 葛晨虹:"新时期弘扬仁义礼智信传统美德的意义",《思想政治工作研究》,2007 年第 6 期。

来；有的人宁愿抛弃家业，纷纷作移民。民族国家的自我认同因为物质利益、自我享乐而淡化了，乡土情淡了，家国情怀飘了。

如果人们对自己民族的价值取向、精神文化不认可，就谈不到真正的民族凝聚力。徐复观先生将某些试图消灭中华文化者称为"民族精神的自虐狂"。他在《当前读经问题之争论》一文中说："我们假使不是有民族精神的自虐狂，则作为一个中国人，总应该承认自己有文化，总应该珍重自己的文化。世界上找不出任何例子，像我们许多浅薄之徒，一无所知的自己抹煞自己的文化。"①

人能弘道，道亦能弘人。忠与孝相结合构成了传统社会伦理文化的基石，在百姓心中，民族大义是爱国主义，国家统一是正常的，分裂是不正常的，叛国是可耻的。在建设有中国特色社会主义市场经济的新的历史条件下，继承和弘扬忠孝家国情怀具有十分重要的战略意义。我们应当把家国情怀教育作为青年成长成才的重要环节。通过家国情怀教育使人们明大德、守公德、严私德，明辨是非；懂传承，明使命，重担当，守正创新；爱家敬老，懂得感恩，用勤劳的双手和诚实的劳动创造美好生活。

家国情怀作为中华民族传统伦理文化的核心价值理念，能够强化我们民族在道德的价值取向、文化的精神追求等方面的共性，以此产生对中华民族的内在感召和纽带联结，使民族成员产生永久的向心力和认同感。真正凝聚一个民族群体的是这个民族所发展起来的民族文化，这是民族最重要的一条精神纽带。中华民族只有真正以文化自觉的意识来把握自己的民族精神和价值理念，弘扬以忠孝仁义礼智信为主要家的核心价值观，才可能产生真正强大和持久的民族凝聚力和向心力。

家国忠孝情怀塑造了中国文化的独有特征以及中华民族的品格和精

---

① 转引自彭林："国学与国性——回归本位文化，树国民之国性，立国家之国魂"，《北京日报》，2016 年 11 月 7 日。

神，是中华民族传统美德核心价值观的集中表达。强调人际和谐与社会责任，人所应有的道德人格精神，使中华民族产生了伟大的民族精神。在全球化时代背景下，对中华民族传统美德与民族文化的继承弘扬更加重要，更需要反思我国传统文化对于中华民族的重要意义。

家国忠孝情怀这份宝贵的道德财富，我们应当在继承中赋予其时代内涵，这对于进一步深化公民道德建设，构筑民族精神家园，增强民族凝聚力，使中华民族持久屹立于世界民族之林，具有重要的现实意义和深远的历史意义。

无论是民族文化传承的历史必然性，还是民族力量的凝聚和精神家园的建造，无论是全球化背景的现实要求，还是公民道德建设和构建社会主义和谐社会的实践需要，我们都不可能离开对家国忠孝情怀的大力弘扬。"任何民族在走向现代化的过程中，都不能忽视优秀文化和传统美德的传承，不能忽视民族自我。对自我和文化传统缺乏自信的民族，是无法从过去走向未来的。"①

家国忠孝情怀传统美德传承了几千年，这同它适应中国社会历史相关。"正是中国古代建立在血缘根基之上的独特社会历史条件，铸造了中华民族迥异于其他民族的以'忠孝'为主要内容的美德传统。而它历经世代传承下来，也是由于中华民族生存和发展的历史必然性与文化必然性决定的。它'不为尧存，不为桀亡'，是不能人为消除的。"②

迈入新时代，我们建设文化大国、文化强国的意愿更加强烈，目标更加明确，这就需要我们对民族精神、文化传统发展的内外部环境及其面临的现实困境做出清晰审视，创新传承方法，深入挖掘中华优秀传统文化蕴含的思想观念、人文精神、道德规范，结合时代要求继承创新，让中华文化展现出永久魅力，让文明古国展现出时代风采。

---

①② 高文兵："从优秀传统文化中汲取实现中国梦的精神力量"，《人民日报》，2013年7月22日。

全国人民正为实现中华民族伟大复兴的梦想而努力。中国梦深深扎根于中华优秀传统文化的沃土,构成了实现中华民族伟大复兴的大众心理基础和基本精神动力。它之所以格外具有感召力、凝聚力和引领力,是因为它具有中华优秀传统文化的深厚底蕴,包含和显现了强烈的爱国主义精神。中国梦是时代主题与优秀传统文化相融合的结晶,凝聚了几代中国人的夙愿,体现了中华民族和中国人民的整体利益,是每一个中华儿女的共同期盼。"实现中国梦所需要的自强不息的拼搏精神,所彰显的公平正义的价值取向,所强调的个人梦想和民族前途、国家命运的紧密关联,所主张的和平发展、合作共赢的理念诉求,都能在中华优秀传统文化中找到经典话语、内在依据和有力支撑。因此,中国梦承载着中华民族既古老又常青的光荣与梦想,浓缩了五千年中华文明的优秀文化基因。"[1]

常怀爱民之心、常思兴国之道、常念复兴之志的责任,传承且超越历史上任何时代的家国情怀格局,以实现时代精神的升华。中国共产党人以高度的理论自觉和文化自信,不断推进优秀传统文化与社会主义先进文化的互动融合,使优秀传统文化通过创造性转化成为中国特色社会主义先进文化的不竭源泉,使民族复兴中国梦的文化根基不断得到巩固。

为宏扬中华民族传统文化,做真正有信仰、有理想、有民族气节、热爱祖国的中国人。

① 葛晨虹:"新时期弘扬仁义礼智信传统美德的意义",《思想政治工作研究》,2007 年第 6 期。

主要参考文献

一、中文期刊文章

1. 王昊哲："浅论魏晋忠孝关系"，《魅力中国》，2019 年第 9 期。

2. 谭德贵："'孝道'思想：宗教中国化的切入点"，《中国宗教》，2019 年第 9 期。

3. 刘亮红："唐代道教对儒、佛的融汇之道"，《文史博览》（理论），2016 年第 3 期。

4. 胡小鹏："试释《金史·兵志》中的'合里合军'"，《西北师大学报（社会科学版）》，2015 年第 6 期。

5. 孔祥宇："'西化'影响下的北京家庭物质生活变迁（1912—1937）"，《社会科学辑刊》，2009 年第 1 期。

6. 蒋婷薇："民国元年的妇女参政运动"，《江海学刊》，2001 年第 4 期。

7. 李国："清末民初祭孔活动考略"，《内江师范学院学报》第 33 卷，2018 年第 7 期。

8. 曹喜博、李丹丹："论中国现代马克思主义者对传统道德的批判"，《学理论》，2012 年第 29 期。

9. 高华："论国民党大陆失败之主要原因"，《历史教学》，2011 年第 11 期。

10. 王仁宇："久传不衰——评冯友兰《中国哲学简史》"，《名家经典》，2016 年 7 月。

二、中文专著

11. 赵兴茂、胡群耘：《东西晋演义校注》，上海古籍出版社，1991 年。

12. 范晔：《后汉书》（全四册），中华书局出版社，2012 年。

13. 唐代封演：《封氏闻见记校注》，中华书局出版社，2005 年。

14. 中国社科院近代史所：《孙中山全集》第 9 卷，中华书局出版社，1981 年。

15. 胡适：《胡适自传》，黄山书社出版社，1986 年。

16. 季羡林：《胡适全集》（第 1 卷），安徽教育出版社，2003 年。

17. 梁漱溟：《东西文化及其哲学》，北京财政部印刷局，1921 年。

18. 辽宁省政协文史资料研究委员会：《辽宁文史资料》第六辑，辽宁人民出版社，1981 年。

19. 中共中央文献编辑委员会：《刘少奇选集》，人民出版社，1981 年。

20.《毛泽东选集》第二卷，人民出版社，1991 年。

21.《毛泽东选集》第三卷，人民出版社，1991 年。

22. 中央档案馆：《中共中央文件选集》（第 10 册），中央党校出版社，1985 年。

23. 张岱年：《张岱年全集》（第 6 卷），河北人民出版社，1996 年。

24. 张岱年：《张岱年全集》（第 8 卷），河北人民出版社，1996 年。

25. 聂荣臻：《聂荣臻回忆录》，解放军出版社，2007 年。

26. 蔡元培：《蔡元培经典》，当代世界出版社，2016 年。

27. 何善蒙：《中华君子文化（第三辑）》，九州出版社，2021 年。

三、论文集及学位论文

28. 吴星杰："先秦儒家的忠孝观及其现代启示"，《第一届世界儒学大会学术论文集》，文化艺术出版社，2008 年。

29. 周韬、谭献民："南京国民政府文化建设研究（1927—1949）"，湖南师大博士论文，2008 年。

四、报纸文章及电子文献

30. 戴鞍钢："辛亥革命与移风易俗"，《文汇报》，2011 年 4 月 11 日。

31. 刘江伟、王国平："弘扬君子文化 传承家国情怀"，《光明日报》，2019 年 8 月 30 日。

32. 郑承军："重塑君子人格，安放家国情怀"，人民论坛网，2014 年 9 月 29 日，http://theory. rmlt. com. cn/2014/0929/324437. shtml。

33. 夏蓉：《女性史导论》第二讲"近代反缠足运动"，道客巴巴，2017 年 2 月 11 日，https://www. doc88. com/p - 0778678896511. html。

34. 董乐："北洋大时代原来如此"，新浪网历史频道，2013 年 5 月 16 日，http://history. sina. com. cn/his/hs/2013 - 05 - 16/071240479. shtml。

35. 蒋介石："抵御外侮与复兴民族"，豆丁网，2016 年 6 月 8 日，https://www. docin. com/p - 1627692099. html。

36. 肖春飞："父亲给我留下的最大财富是两个字：爱国——专访赵登禹将军女儿赵学芬"，新华网，2015 年 7 月 7 日，http://www. xinhuanet. com/mil/2015 -07/07/c_127992720. htm。

37. 陈独秀："吾人最后之觉悟"，豆丁网，2016 年 5 月 18 日，https://www. docin. com/p - 1583194900. html。

38. 陈独秀:"孔子之道与现代生活",豆丁网,2012 年 8 月 19,https://www. docin. com/p – 464820343. html? docfrom = rrela。

39. 李大钊:"由经济上解释中国近代思想变动的原因——再论问题与主义",豆丁网,2020 年 2 月 13 日,https://www. docin. com/p – 2308014138. html。

40. 鲁迅:"我们现在怎样做父亲",中国作家网,2021 年 9 月 8 日,http://www. chinawriter. com. cn/n1/2021/0908/c440988 – 32221798. html。

41. 习近平:"在会见第一届全国文明家庭代表时的讲话",新华网,2016 年 12 月 15 日,http://www. xinhuanet. com/politics/2016 – 12/15/c_1120127183. htm。

42. 习近平:"在 2015 年春节团拜会上的讲话",新华网,2015 年 2 月 17 日,http://www. xinhuanet. com/politics/2015 – 02/17/c_1114401712. htm。

43. 习近平:"在 2018 年春节团拜会上的讲话",中共中央党校(国家行政学院),2018 年 4 月 27 日,https://www. ccps. gov. cn/xxsxk/zyls/201812/t20181216_125688. shtml。

44. 中共中央、国务院:《新时代爱国主义教育实施纲要》,中共中央党校(国家行政学院),2019 年 11 月 13 日,https://www. ccps. gov. cn/xtt/201911/t20191113_135854. shtml。

五、报告

45. 唐小兵:"盗火的普罗米修斯——留洋生与近代中国的新陈代谢",上海,华东师范大学,2018 年 12 月 11 日。

46. 虞和平:"民国时期孝文化的传承与变化",宁波,宁波工程学院,2018 年 12 月 19 日。

后记

习近平总书记多次强调,"培育和弘扬社会主义核心价值观必须立足中华优秀传统文化"。而孝文化作为传统文化的精髓,为我们培育和践行社会主义核心价值观提供了良好的参照。孝与忠是传统社会最基础的道德价值观,孝是私德,忠是公德,孝是忠的基础,忠是孝的扩大,国与家相辅相成,不可分割。在华夏文明史中,忠孝已经积淀和内化为中华民族的心理情感,成为一种永恒的人文精神和普遍的伦理道德观念。

然而,随着西方文化思潮和价值观念的大量涌入,孝观念越来越为人们所忽视,有鉴于此,我们写了这部《中国传统孝文化研究》。通过深入挖掘孝文化,抵制"金钱至上"和"利己主义"等思想,从爱父母做起,推恩及人,做到爱民族、爱党、爱国家,让人民更幸福,让社会更和谐,让国家更有凝聚力。

本书为作者2019年承担的河北省社会科学基金项目,项目编号为:HB19MK028。在本书的写作过程中,借鉴、参考了国内外许多学者、专家的学术著作和论文,吸收了其中的观点和成果,尤其是得到了曲阜市作家协会文史作家孔繁杰先生的大力支持,在此一并表示诚挚的感谢!

由于时间紧迫,水平有限,错误和不足恐难避免,希望得到大家和读者的批评指正。

王书芹

2021 年 1 月 9 日